中国农业科学院西部农业实用技术丛书

特种油料作物优质高产栽培技术

严兴初　赵应忠　编著

中国农业科技出版社

图书在版编目（CIP）数据

特种油料作物优质高产栽培技术/严兴初，赵应忠编著.
－北京：中国农业科学技术出版社，2001.5
（中国农业科学院西部农业实用技术丛书）
ISBN　978-7-80167-140-0

Ⅰ. 特…　Ⅱ.①严…　②赵…　Ⅲ. 油料作物-栽培
Ⅳ. S565

中国版本图书馆 CIP 数据核字（2001）第 027827 号

内 容 提 要

本书是《中国农业科学院西部农业实用技术丛书》之一，在介绍特种油料作物的经济价值的基础上，重点介绍了芝麻、蓖麻、胡麻、向日葵等特种油料作物的高产栽培技术和病虫害防治技术。

责任编辑	张孝安
责任校对	马丽萍
出版发行	中国农业科学技术出版社
	地址：北京海淀区中关村南大街 12 号　邮编：100081
	电话：(010) 82109704（发行）；82109711；传真：82109698
经　销	新华书店北京发行所
印　刷	中煤涿州制图印刷厂
开　本	787mm×1092mm　1/32　印张：4.75
字　数	115 千字
版　次	2001 年 5 月第 1 版　2008 年 10 月第 2 次印刷
定　价	6.00 元

《特种油料作物优质高产栽培技术》
编 写 人 员

主　　编：严兴初　　赵应忠

副 主 编：黄凤洪　　徐华军　　夏伏建

　　　　　周立新　　李亚东

编写人员：（按姓氏笔画为序）

　　　　　宋思雨　　严兴初　　李文林

　　　　　李亚东　　赵应忠　　夏伏建

　　　　　周立新　　徐华军　　黄凤洪

　　　　　傅福勤

序

在我国现代化建设全面实现第二步战略目标，并开始向第三步战略目标迈进的世纪之交，党中央提出了实施西部大开发战略，这是我党贯彻邓小平关于我国现代化建设"两个大局"战略思想，面向新世纪作出的关于我国经济和社会发展的重大战略决策，对全面实现我国的现代化建设目标有着极其重要的意义。不久前党中央召开的十五届五中全会再次强调："实施西部大开发战略，加快中西部地区发展，关系到经济发展、民族团结、社会稳定，关系到地区协调发展和最终实现共同富裕，是实现第三步战略目标的重大举措。"

我国西部地域辽阔，占全国陆地面积的三分之二以上，并且绝大部分地区是农村。因此，西部农业和农村经济的发展在西部开发中占据着重要地位。实施西部大开发战略，必须解决西部农民、农业和农村问题，解决西部科技文化落后的问题。而解决这些问题的重要途径是依靠科学技术。科学技术是加速西部农业和农村发展的重要动力。

中国农业科学院是我国最大的国家级农业科研机构，这里云集着大批高水平的科技人才，拥有丰富的科技成果。加快西部农村地区发展，为西部提供技术和智力支持，彻底改变西部农业和农村的落后面貌，是我们中国农业科学院广大科技人员义不容辞的责任和神圣的使命。

伴随着西部大开发的号角声，中国农业科学院于 2000 年初夏组织了由百余名专家参加、历时 30 天的"西部科技万里行"活动，活动范围覆盖内蒙古、宁夏、甘肃、新疆四省（区）14 个市、县，把科技的火种撒在了辽阔的西部大地。

所到之处，我们亲眼看到了西部农民对科学技术的深深渴望与追求，感受到西部人民对我们科技人员的殷切召唤。

为了以科技支持西部农业大发展，我院动员和组织全院范围的有关科技人员，从我院的上千项科技成果中精选出适合广大西部地区推广应用的先进农业实用技术 50 余项，编写成书，由中国农业科技出版社正式出版发行，以满足西部人民对科学技术的需要，同时把我院的科技成果转化为现实生产力，在西部经济建设中发挥作用。

该套丛书在技术上具有科学性、先进性、适用性三个突出特点。所选择的技术都具有较高的水平，推广后能产生明显的经济效益，能为农民增加收入，同时也注意结合西部的生态特点和生产条件，针对性强；技术不仅成熟，而且实用，易操作，可大面积推广应用。语言精练，言简意赅，易学、易懂、易掌握。

《中国农业科学院西部农业实用技术丛书》迎着新世纪的曙光问世了，这是一件非常值得庆贺的好事，也是中国农业科学院在新世纪之初献给西部农民的一份礼物。它凝聚着广大中国农业科学院科技人员的聪明才智、辛勤劳动和对西部人民的深情厚意。我相信，它的出版将为加快我国西部农民脱贫致富的步伐，促进西部农业和农村经济的发展发挥应有的作用，在西部大开发中谱写出壮丽篇章。

中国农业科学院院长

2001 年 1 月 21 日

目　　录

第一部分　蓖　麻

第二部分　向日葵

第三部分　红　　花

第一部分 蓖 麻

1. 蓖麻油在工业上有何用途?

蓖麻油是从蓖麻籽中提取的一种植物油, 无色或带淡黄色, 呈液体状态, 能溶于乙醇, 稍溶于石油醚、汽油、煤油。蓖麻油属于不干性油脂, 粘度大、比重高 (0.958 ~ 0.968), 在零下 18℃ 不会凝固, 在 500 ~ 600℃ 的高温下不变质、不燃烧。它的皂化价每克为 180 毫克 (KOH), 碘价每克为 82 ~ 90 毫克 (I), 羟价每克为 155 毫克 (KOH) 以上, 在天然植物油中羟价最高。蓖麻油中蓖麻醇酸含量约为 89% (表1), 它具有一个羟基、一个羧基和一个不饱和双键, 因此可以发生水解、酯化、加成、氧化、裂化、环氧化、酰胺化、乙氧基化等反应, 从而决定了蓖麻油开发利用的多种途径。

表1 蓖麻油中脂肪酸成分及含量

饱和脂肪酸 (%)		不饱和脂肪酸 (%)	
软脂酸	0.8 ~ 1.1	软脂油酸	痕迹 ~ 0.2
硬脂酸	0.7 ~ 1.0	油　酸	2.0 ~ 3.3
二羟基硬脂酸	0.6 ~ 1.1	蓖麻醇酸	87.1 ~ 90.4
花生酸	0.3 ~ 0.8	亚油酸	4.1 ~ 4.7
—	—	亚麻酸	0.5 ~ 0.7

(1) 直接利用。蓖麻油很早就直接被用作润滑剂、增

塑剂、电气绝缘用油、刹车油、医用泻药等，还可与松香配合制造粘合剂。近年来蓖麻油在直接应用于日用化工方面有了很大的发展，生产出了许多新产品，如生发剂、吸尘与防尘剂等。

（2）制备重要化工产品。20 世纪 70 年代以前，蓖麻油多被直接利用或经简单加工后利用。随着蓖麻油加工业和应用开发研究的进展，95% 以上的蓖麻油用于生产精细化工产品，其品牌达 200 多个，主要有以下系列化工产品。①癸二酸系列产品。包括癸二酸、癸二酸二醇酯、癸二酸酯、聚癸二酸丙二醇酯。它们分别用作橡胶和塑料工业的增塑剂，制造工程塑料，用作光稳定剂和辅助增塑剂。②十一烯酸系列产品。蓖麻油与甲醇反应生成蓖麻油酸甲酯，再经裂解、酸化制得十一烯酸，多用于制造香精和医药。由其制成的尼龙-11 是优良的合成材料。③庚醛系列产品。蓖麻油与甲醇反应生成蓖麻酸甲酯，经裂化再与硫酸氢钠反应，经真空蒸馏得正庚醛，其为无色挥发性油状液体，有果香味。其系列产品广泛应用于香料、化妆品、高级香皂等制造业中。④己酸系列产品。蓖麻油经水解、裂解得仲辛醇，再氧化制得己酸，其系列产品广泛应用于制造香精、医药、高效农药和食品调味剂等。⑤壬二酸系列产品。一般用硝酸氧化蓖麻油而得，用于配制香料、香精，还可用作增塑剂，其耐寒、耐热性能优良。⑥蓖麻酸酰胺系列产品。由蓖麻酸与氨气作用制得，为淡黄色粒状物，在塑料注塑成型时用作脱模剂。⑦蓖麻酸盐系列产品。由蓖麻酸与金属的氧化物或金属盐反应而制得。其主要产品有蓖麻酸钙、蓖麻酸镁、蓖麻酸镉等，一般是白色或浅色粉末，常用于 PVC，作稳定剂或润滑剂。

（3）其他加工利用。①失水蓖麻油。蓖麻油脱水后即成优良的干性油，是快干和防水清漆、磁漆中的桐油代用品，也可用在油布、油毡、皮革、油墨中。②磺化蓖麻油。由蓖麻油与硫酸反应生成蓖麻油硫酸酯，含结合硫为 3% ~ 20%，是一种简便易得的阴离子表面活性剂，具有明显的耐酸碱和耐硬水性能，主要用于染色助剂、纤维加工油剂、渗透剂、玻璃纤维媒染剂、润滑剂、浮化剂、餐洗剂、平滑剂、抛光剂及化妆品等。③甘油单蓖麻醇酸酯。为淡黄色液体，可作为内加型防雾剂，初期防雾性和低温防雾优良，适用于食品包装薄膜。④甘油三羟基硬脂酸。由蓖麻油加氢制得，为粉末状物，可作为 PVC、ABS 树脂、MBS 树脂的润滑剂和爽滑剂，具有优良的耐热性和流动性，也可作为合成橡胶的脱模剂，因其无毒，故可用于食品包装材料中。⑤羟基硬脂酸酯。由蓖麻油经水解、加氢而制得，可作为聚氯乙烯的润滑和抗粘连剂，透明性好，无毒，可用于与食品接触的制品。

另外，以蓖麻油为原料还可生产硫代蓖麻油酸丁酯、硫代蓖麻油酸内酯、蓖麻油酸酰胺、磺酸盐、磺化蓖麻油琥珀酸酯、蓖麻油酰胺三甲胺甲基硫酸盐、聚氧乙烯蓖麻油酯、乙酰蓖麻油酸丁酯、环氧化乙酰蓖麻油酸甲酯等精细化工产品。

2. 蓖麻籽饼有何利用价值？

蓖麻籽制油过程中，油和饼粕的比例约为 1 : 1，如加工 1 亿公斤蓖麻籽，则可得 0.5 亿公斤籽饼，其利用价值较高。

（1）饲料。蓖麻籽饼不能直接用作饲料，其原因是饼中含有毒素。早在 20 世纪初，国外就开始了蓖麻去毒利用研究，到 20 世纪 60 年代，该项研究日趋广泛和深入，许多

3

畜牧业发达国家均把去毒蓖麻饼用作畜禽的蛋白质饲料。分析表明蓖麻籽榨油后的饼粕中含蛋白质35%左右，其蛋白质与大豆、花生蛋白质的组成相似，含有较多的球朊（60%）、谷朊（20%）和白朊（16%），而极少含或不含难被动物吸收的醇溶朊（表2）。

表2　蓖麻饼及其他油饼类主要营养成分的含量（%）

类　别	粗蛋白	粗纤维	粗脂肪	粗灰分	钙	磷
蓖麻饼	34.90	33.87	7.37	6.51	1.10	0.62
豆　饼	43.00	5.70	5.40	5.90	0.32	0.50
菜籽饼	36.40	10.70	7.80	8.00	0.73	0.95
葵花饼	28.70	19.80	8.60	4.60	0.65	0.87

蓖麻饼蛋白中含18种氨基酸，除赖氨酸含量较低外，其他氨基酸含量与豆饼和菜籽饼接近（表3）。所以，它是较为理想的植物蛋白质资源。另外，分离蓖麻蛋白质的矿物质和微量元素含量也较为丰富。

表3　蓖麻饼及其他油饼类主要氨基酸的含量（%）

类别	赖氨酸	蛋氨酸	色氨酸	亮氨酸	异亮氨酸	苏氨酸	苯丙氨酸	缬氨酸	组氨酸	精氨酸
蓖麻饼	0.87	0.57	1.24	1.70	1.20	0.91	1.13	1.79	0.61	3.20
豆　饼	1.98	0.45	—	3.46	1.90	1.62	2.53	2.19	1.04	2.94
菜籽饼	1.83	0.56	—	2.13	1.25	1.29	1.11	1.62	0.75	1.81
葵花饼	1.13	0.46	0.53	0.96	1.13	1.22	1.77	—	0.82	2.40

（2）提取毒素。未经脱毒的蓖麻饼中含蓖麻碱等毒素，目前提取或除去蓖麻毒素的工艺方法较为成熟。据报道，美

4

国已将蓖麻毒素用于制造防治癌症的药物。因此，蓖麻毒素在医药、农药方面的应用前景非常看好。

（3）其他。未经脱毒的蓖麻饼可以当作肥料或农药用，对某些农作物效果颇佳。

3. 蓖麻叶和茎秆有何利用价值？

合理采摘蓖麻叶饲养蓖麻蚕，可产生明显的经济效益和社会效益。

（1）蓖麻蚕茧。蓖麻蚕茧与桑蚕茧、榨蚕茧同是当今世界绢丝工业生产 3 大原料资源。蓖麻蚕茧丝具有弹性好、吸湿性强、染色好、可纺性好等独特优点。利用蓖麻蚕茧加工绵片、绵球；用作纺织太空服、太空被等，还可与棉、麻、羊毛、化纤等混纺制作高级西服面料。

（2）蓖麻蚕蛹。蚕蛹的营养成分十分丰富，含有蛋白质 53.80%、脂肪 16.38%、糖 8.15%，属高蛋白、低脂肪营养食品，含有人体必需的多种氨基酸、维生素和微量元素。蛹皮含有大量几丁质，经提炼后可加工成医用缝合线（替代羊肠线）和人造皮肤等。蓖麻蚕蛹的开发利用已经引起了国内外营养学者和食品工程界的广泛关注。

（3）蚕粪。蓖麻蚕粪中含氮 3.14%、磷 1.3%、钾 4%。50 公斤蚕粪相当于 7.5 公斤硫酸铵、2.5 公斤过磷酸钙和 50 公斤草木灰，是农业上的优质有机肥料。新鲜蚕粪还含有粗蛋白 4.4%、总糖 6.82%，是养鱼的好饲料。新鲜蚕粪中还含有丰富的叶绿素，可提取叶绿素铜钠盐，出口创汇。

（4）蚕卵。蓖麻蚕卵是繁殖赤眼蜂的最佳寄主，它对开展生物防治农业害虫，减少环境污染有重要意义。

（5）蓖麻秸秆。蓖麻秸秆相对高大，其干重占整个植株干重的比例较高，是制绳索、造纸、制活性炭的极好原料。

4. 发展蓖麻生产的前景如何？

蓖麻原产非洲东部，其栽培历史悠久，为世界性 10 大油料作物之一。美国将蓖麻油列为第 6 大战略物资。如今，摆脱石油危机、节约能源、维护生态平衡等已成为全球关注的热点。为此，如同探寻矿藏资源一样，人们开始发掘具有综合开发潜力非食用目之植物油源，其中蓖麻作物便是 1 例。世界范围内短的羟基化脂肪酸难以通过化学加工获得，而蓖麻籽中富含 ω-羟基化脂肪酸-蓖麻醇酸，为 12-羟基9-十八碳烯酸，其含量高达 90% 左右。它赋予蓖麻油的独特性质乃为一般植物油类所不及，因而蓖麻油被广泛用于润滑剂、表面活性剂、涂料、增塑剂、尼龙系列、聚氨酯、香料、医药等制造业。随着石化工业新技术、新工艺的发展，新型材料不断被开拓，利用蓖麻油开发出的精细化工产品会越来越多。

蓖麻适应性广、耐盐碱、耐干旱，耕作管理简便，生产成本低，经济效益显著，综合利用价值高，国际国内市场行情看好，其发展前景不可限量。

5. 我国蓖麻主要有哪些优良品种？

经过我国科技工作者 20 多年的努力，先后育成蓖麻常规品种近 10 个，杂交种 6 个，外引蓖麻优良品种 7 个，分述如下。

（1）油蓖 4 号。系中国农业科学院油料作物研究所通过系选的方法育成。品种为蒴果无刺类型，株高 200～250 厘米，茎秆呈浅绿色，果穗塔形，籽粒浅褐色具斑纹。种子含油率 49.5%，籽仁含油率 69.5%，百粒重 38.7 克。主穗生育期 120～130 天，每亩产量 130～150 公斤，高的可达 200 公斤。先后在湖北、四川、湖南、河南、河北等省种植，较地方品种为优，增产幅度一般为 20%，高者达 25% 以上。该品种前期生长发育较快，较耐旱，但耐渍性差。

栽培要点：为发挥油蓖 4 号的增产潜能，应提倡挖窝施肥，每窝 0.22 平方米。窝内施用腐熟有机肥加磷肥作基肥（底肥），每窝 1.25～1.5 公斤。种植密度视土壤肥力和种植方式而定，亩留株数 600～1 000 株。肥地宜稀，瘠地宜密。每亩用种量 0.75 公斤，株行距 100 厘米×100 厘米，或 100 厘米×150 厘米，瘠地种植以 60～80 厘米×100 厘米为宜。适时早播，播期为 3 月中下旬。由于蓖麻行间宽，可在宽行点种早熟豆科等矮秆作物。注意不要与晚熟、高秆、耗肥力强的作物间作。苗期（4～5 片叶，株高 30 厘米左右）注意打顶，以控制株高，促进多分枝、多结果。株高 70 厘米左右注意起垄培土，以促进侧根发育，防止倒伏。立秋前半月左右注意追施适量复合肥，以增加秋籽产量。每亩追施的复合肥以 7.5～10 公斤为宜，采取窝施较好。

（2）油蓖 5 号。由中国农业科学院油料作物研究所通过系选的方法育成。该品种属蒴果有刺类型，株高 200～300 厘米。茎秆呈深紫色，蜡粉较厚，植株多分枝，蒴果排列紧凑，果穗轴较长，果穗呈纺锤形。主果穗生育期 130～140 天，生育前期发育较为迟缓（较地方品种晚现蕾开花 7～10 天）。但耐肥性、耐旱性较强，有一定的耐渍性，立秋后仍生长不衰。种子含油率 52%～56%，籽仁含油率 72.4%，百粒重 41～42 克。经在四川、湖北、湖南、河南、河北等地方品种对比试验，每亩产量达 150～160 公斤，较

7

地方对照品种增产 20%～25%，高者达 30% 以上。现已在上述地区推广种植。

栽培要点：因油蓖 5 号生育期较长，为了获得高产，应施足基肥（底肥）。提倡挖窝种植，每窝 0.22 平方米为宜。窝内施用腐熟有机肥（厩肥）加磷肥作基肥，每窝 1.5 公斤。种植密度为每亩 700～900 株，亩用种量 0.75 公斤，株行距 100 厘米×100 厘米，或 100 厘米×150 厘米，瘠地 80 厘米×100 厘米。该品种适宜早播，播期以 3 月中下旬为宜。可用浸种催芽或薄膜覆盖幼苗移栽的方法，促进早发芽、早出苗，以弥补前期生长较慢的缺点。苗长至 4～5 片叶（即苗高 25～30 厘米）时注意打顶，控制植株高度，促进多生侧枝。植株长至 60～70 厘米高时应起垄培土，防止倒伏。油蓖 5 号在立秋后仍生长旺盛，可在立秋前半月追施适量的复合肥，以增加秋籽产量，提高秋籽饱满度。每亩用肥量 10 公斤左右。

（3）红秆塔穗蓖麻。由山西省农业科学院经济作物研究所选育，属有刺型品种。株高 200 厘米左右，主茎红色，叶片浓绿，果穗塔型，籽粒表皮有褐色花纹，百粒重 40 克，出仁率 75%，种子含油率 49% 左右，主穗生育期为 115 天。亩产量 130～150 公斤。适宜在山西、陕西、宁夏等省（区）水地、旱地、丘陵地种植。

栽培要点：适时播种，无霜期为 140 天以下的地区，土地解冻后即行早播；140 天以上地区，可在 4 月下旬至 5 月上旬播种。种植密度，每亩株数 600～800 株，子叶平展时间苗，2～3 片叶期定苗。肥料集中窝施或沟施，增施磷肥，现蕾期追肥、浇水。注意整枝、打顶，选留定量分枝，抹腋芽，霜前 30～40 天摘去花蕾及幼果。若该品种在高寒地区

8

种植，为促进早熟，可采取覆膜种植，特别要注意实施整枝、打顶技术。

（4）哲蓖1号：由内蒙古自治区哲盟农业科学研究所从地方品种资源中经系选而成。该品种为中国东北蓖麻类型，属中熟品种，绿茎，蒴果有刺。从出苗至主穗成熟生育期为85～90天。株高一般220厘米左右，主茎分枝3～4个，一般年份能成熟7～9穗，穗为柱形，较紧凑，平均穗长20厘米，百粒重30克左右，种皮色为灰褐色，种子椭圆形，籽仁含油率65.3%，种子含油率48%，出仁率74%。该品种较抗枯萎病，适宜东北片区种植，平均亩产111.25公斤，高者达150公斤。

栽培要点：深耕整地，浇足底墒水，确保全苗壮苗。注意轮作倒茬，避免重茬和迎茬。与粮豆作物实行轮作，以减少病害发生。当土壤（0～20厘米深）日平均温度为10～12℃时即可播种，适宜播期为4月15～25日，播后覆土5～6厘米，即行镇压。施足底肥，重视种肥，适时追肥，每亩施优质农家肥1 000公斤，氮、磷肥配合施用，亩施纯氮4～5公斤、磷2.5～5公斤。若底肥不足，可施追肥，现蕾到开花，每亩追施氮2.5～4公斤。化肥窝施，距苗10厘米左右挖窝，施后再行覆土。该品种种植密度，行距70厘米，株距50～60厘米，亩保苗1 500～1 800株。

（5）哲蓖3号。由内蒙古自治区哲盟农业科学研究所以内蒙古地方品种绿茎有刺为母本，永293-21为父本，经有性杂交，系谱法选育成。株高160～200厘米，茎绿色，蒴果有刺，从出苗到主穗成熟需87天。单株成熟穗6～8个，百粒重29.1克，种子含油率49.9%，出仁率72.5%，裂蒴性差，抗枯萎病，抗倒伏，适应性较广，亩产量130～

140 公斤。

栽培要点：合理安排地块，轮作倒茬，避免重茬和迎茬。在平原区播前要浇足底墒水，保证抓全苗；灌浆期间遇干旱要浇水。合理施肥，每亩施用1 000公斤农家肥作底肥，再配施10 公斤磷酸二铵。底化肥最好埯施，距种子8～10厘米。水浇地要追肥，每亩用尿素 10 公斤，但一定要距根部9 厘米以上深施。适时早播，当5～10 厘米地温达到8～10℃（4 月15～25 日）时即可播种。种植密度，水浇地行株距60 厘米×60 厘米，每亩1 850株，旱薄沙坨地行株距为60 厘米×50～60 厘米，每亩2 300株左右。

（6）哲蓖 4 号。由内蒙古自治区哲盟农业科学研究所以内蒙古地方品种永 117 为母本，永 270 为父本，经有性杂交、系谱法选育成。株高 208 厘米，茎秆紫色，蒴果无刺，从出苗到主穗成熟需94 天，单株成熟穗 6 个左右，百粒重31.7 克，籽仁含油率 67.74%，种子含油率 50.4%，出仁率 75.3%。蒴果成熟不裂蒴，抗枯萎病，较抗灰霉病，抗旱耐涝、耐瘠，适应性较强。亩产 150～160 公斤。适宜内蒙古东部、华北北部及广大东北地区种植。

栽培要点：实行轮作，避免重茬和迎茬种植。合理密植，该品种属中熟类型，生育中后期长势较旺，枝叶繁茂，故不宜太密。水肥条件较好的甸子地，行株距：70 厘米×70 厘米，亩保苗1 300株左右；中等肥力地，行株距：70 厘米×60 厘米或 60 厘米×60 厘米，每亩保苗1 600株左右；肥力较差的旱薄地、沼坨地行株距：60 厘米×50 厘米，每亩留苗2 200株左右。

（7）淄蓖麻 1 号、2 号、3 号。由山东省淄博市农业科学研究所采用全雌自交系选育而成。株高 190～220 厘米，生育期 108 ~ 115 天，茎浅紫或绿色，蒴果有刺，单株成熟穗 5 ~ 7 个，果穗塔型，种子含油率 45% ~ 50%，百粒重 37 ~ 40 克，亩产 150 ~ 180 公斤。适宜江淮及黄河流域种植。

栽培要点：播期 3 月中下旬，播前造墒或挖穴浇水点种，以利全苗。4 ~ 5 片叶定苗，每穴 1 株。种植密度一般每亩 800 ~ 1 200 株，行距 90 ~ 100 厘米，株距 50 ~ 60 厘米。苗期勤松土提高地温，控上促下，培育壮苗；中期灭荒，扶垄防雨季倒伏；生育后期，亩追 5 ~ 7 公斤尿素防早衰。霜前 40 天全部打顶，去掉无效花蕾，促进成穗，增加粒重，提高产量和品质。

（8）晋蓖麻 2 号（汾蓖 6 号）。由山西省农业科学院经济作物研究所以雌性系（不育系）汾 8937 为母本，以 91S5-2 为父本杂交选育而成，1999 年通过山西省品种审定委员会审定。

晋蓖 2 号属蒴果有刺类型，株高 150 ~ 170 厘米，主穗位高 55 厘米，株型较紧凑，茎秆绿色，叶色深绿，果穗塔型，平均有效果穗 4.5 个，平均果穗长 63 厘米，籽粒椭圆形，种子黑色，出仁率 76%，种子含油率 51.87%，主穗生育期 105 ~ 110 天。平均亩产量 180 公斤，适宜河南、河北、新疆、宁夏、陕西等地种植。其栽培技术要点与红秆塔穗蓖麻类似。

（9）CSR-181、CSR-268、CSR-190、CSR-6·2。由中国农业科学院油料作物研究所 1996 年从法国引进的杂交种，株高 100 ~ 200 厘米，主果穗生育期 120 ~ 140 天，果穗塔形，株型紧凑，熟期较一致，种子含油率 49% ~ 53%，出仁率 75%，百粒重 35 ~ 38 克，适宜种植密度为每亩保苗 1 100 ~ 1 500 株。行距 90 ~ 100 厘米，株距 50 ~ 70 厘米，亩产量150～200公斤。适宜中国大部分地区种植。

6. 蓖麻一生经历哪几个生育阶段?

蓖麻的一生,大体可分为三个生长发育阶段:从播种到花序形成,以营养生长为主,称营养生长阶段;从形成花序到开花,是营养生长和生殖生长并进的阶段;从开花到蒴果成熟,以生殖生长为主,叫做生殖生长阶段。从播种到成熟的生育全过程又可分为种子萌发出苗期、幼苗期、现蕾期、开花期、成熟期等生育时期。各生育时期所需要的天数,因品种、温度、日照、水分和播种日期等条件不同而有很大差异。蓖麻不同生育期有其不同的特点,对外界环境条件有不同的要求。认识和利用这些特点,促使蓖麻向着高产、优质的方向发展,对夺取蓖麻丰收具有十分重要的意义。

7. 影响蓖麻生长发育的环境条件有哪些?

影响蓖麻生长发育的环境条件主要是温度、光、水分、土壤及养分。

(1)温度。蓖麻是喜温作物,生长期长,整个生长期需要5～8个月的无霜期。蓖麻种子在低于10℃的温度时不能发芽,当温度升到10～30℃时,发芽速度随温度升高而加快。蓖麻发芽的最适温度为25～30℃,温度再高发芽受阻,高于35℃时种子发芽受到抑制。若昼夜平均气温稳定在16～20℃范围内,通常经过13～15天后幼苗出土。蓖麻对冻害反应敏感,幼苗在春寒(-0.8～-1℃)时即会冻死,成长的植株遇秋寒(-2～-3℃)会冻伤受害、凋萎枯死。

为了完成整个生长发育过程,蓖麻需要充足的光和热量。从出苗到开花成熟需要有效积温2 000～3 500℃。6～8

月的温度对蓖麻的生长发育有着重要意义。6月份平均温度不能低于20℃，7~8月的温度不能低于23~24℃，否则，蓖麻的生长和发育延缓，种子产量和含油量降低。蓖麻整个生育期最理想的温度为20~28℃。

（2）光。蓖麻属高光呼吸植物，其光合作用强度在30~50千米烛光范围内呈现饱和值。有些蓖麻栽培种具有光周期效应，可分为短日照和长日照两种类型。短日照品种在总状花序出现前期生长增长最大，而长日照和中间型的品种，在总状花序出现后生长增长最大。

（3）水分。蓖麻在整个生长发育期间需要450~1 000毫米的降雨量而且需分布合理。蓖麻种子萌发、生长初期和开花至籽粒灌浆阶段需水量较多，后期需水量逐日减少，如这时有一段较干燥的时期，将对蓖麻种子的成熟和收获非常有利。多雨将使蒴果发霉并脱落，从而影响产量和质量。

在冷湿气候的地区，蓖麻生长缓慢，产量较低。蓖麻生长期内雨量低于300毫米的地区，必须采取灌溉措施才能获得好的收成。

（4）土壤。蓖麻具有一定程度的耐盐碱和耐弱酸能力。在土壤溶液pH值为5的酸性土壤和含碱量不超过0.6%的碱地上都能正常生长，尤以在土层深厚（大于50厘米）、有机质丰富、具团粒结构、排水性能良好而又有一定保水能力的土壤上发育良好。最适土壤是沙壤土、黑钙土。在重粘土、泥泞沼泽地、重碱土和pH值低于5的土壤上不宜种植蓖麻。

（5）养分。氮素营养对蓖麻的生长发育非常重要。在整个生长期，氮素大部分集中在叶部，而在生理成熟期集中于籽实。如缺乏正常生命活动所必需的氮素，会阻碍植株的发育和使种子含油量降低。在氮肥不足的情况下，无论是磷肥、钾肥，还是不同土壤类别，对增加蓖麻的含油量都起不到像氮素那样大的作用。在一定限度内增加氮素，茎叶中的营养物质增多，可以增加含油量，不过一旦超过需要数量，营养物质不再增加，含油量反而明显下降，而且将使植株长得相当高大（但并不增加蓖麻籽产量），给收获带来困难。

磷素对蓖麻的生长、发育和产量有重要影响。磷开花前在叶部，开花期在果轴中，生理成熟期在蒴果中。在蓖麻各早期的发育阶段，高剂量的磷能促进根系发育，使植株生长苗壮、叶片大、花多，提高单株生产力。而磷素不足，将延迟蓖麻的生长和发育。在各较晚发育阶段，即生殖器官开始分化以后，磷肥再多也不起作用。在干旱的情况下，增施磷肥，可以提高抗旱力，获得好的收成。

钾对蓖麻的生长发育有一定的作用，生产50公斤蓖麻籽约需2.9公斤的氧化钾，与亚麻（需2.75公斤氧化钾）、芥菜（需2.7公斤氧化钾）相当，比向日葵（需9.3公斤氧化钾）少。

氮、磷肥混施及施氮、磷、钾全肥比单施氮肥蓖麻增产更为明显。

蓖麻对微量元素的需要量虽然不大，但必不可少。

8. 怎样进行蓖麻的引种、选种和留种？

引种是将国内外的优良品种或品系引至本地，经过试验、鉴定和比较，从中选择适宜本地区的优良品种或品系，以满足蓖麻生产和育种工作的需要。引种时，应考虑引进品种的原产地与本地区自然条件是否相似、纬度和海拔是否相同以及蓖麻起源等3个方面。我国蓖麻资源虽然遍及南北诸省，但因气候差异，华北、东北和长江流域的栽培品种多具较强的一年生习性，把这些地区的品种引到云南、广西、贵州、四川、福建等地区种植，多数在秋季衰亡。而华南及四川、贵州、云南等大部分地区的蓖麻品种具有多年生习性，植株一般都能安全越冬。但若把这些地方的蓖麻品种引到华北、东北等地，则表现生育期延长、抗寒性弱、产量低，有的甚至只开花不结果。显然，掌握引种原则，就能增强预见性，克服盲目性。外引的品种，需在当地试种观察、比较1~3年，然后才能根据试验结果决定是否在本地推广生产，可避免造成损失。中国农业科学院油料作物研究所1996年从法国引进了CSR系列蓖麻杂交种，在全国12个省区布点，经2~3年的试种，大部分地区表现较好，平均亩产在200公斤左右，使我国部分地区蓖麻单产水平提高较快。

在实践中鉴定留种的蓖麻种子品质，主要依据种子纯净度、发芽势、发芽率以及种子的绝对重量。此外，还要考虑到种子的结实能力。种子的生产力受品种、结实部位、采收时期、气候等诸多因素的影响。一般而言，主茎果穗上的种子占全株种子的35%，第一次分枝的种子占全株种子的57%，第二三次分枝的种子占全株种子的8%。种子的品质与果穗在植株上形成的条件和采种时期有关，这是因为不同部位的果穗在现蕾、开花、成熟阶段所受气候、光照及营养条件不一所致。主茎及第一次分枝果穗的种子成熟早、品质好、产量高，因此应注意选主茎及第一次分枝果穗的种子留作种用。

9. 蓖麻良种发生混杂退化的原因是什么？应如何防治？

蓖麻属异花传粉植物，受昆虫、风力、机械混杂，亲本本身发生变化，长期自交等原因极易发生混杂退化。为了保持良种特性和品种纯度，供应生产用的蓖麻品种在技术方面需要认真做好几点工作：

（1）繁殖区必须安全隔离，防止天然杂交，常用的隔离方法有空间隔离、时间隔离和自然屏障隔离等。

（2）建立严格的种子管理制度，防止人为机械混杂。

（3）坚持分期严格去杂。

（4）实行自交与姊妹交隔年交替繁殖，做好选种留种。

（5）用永久全雌系、临时保持系和恢复系原种定期更换繁殖区的普通种子。

为了经济有效，宜提倡一地只种一个品种结合优中选优，使优良的经济性状得到巩固和提高。

10. 如何进行蓖麻种子检验？其主要检验指标是什么？

（1）蓖麻种子检验的内容、任务、意义。对蓖麻种子实行检验是保证蓖麻品种质量的一项极为重要的措施，是发展蓖麻生产必不可少的环节之一。蓖麻种子检验包括田间和室内检验两部分。

种子田间检验以品种纯度为主，结合检验病、虫、杂草的感染情况。通过田间检验，对蓖麻品种田间纯度作出鉴定，这对保持蓖麻原种或良种的质量，充分发挥良种增产作用有着重要意义。同时，通过田间检验还可以了解和发现田间病虫、杂草的感染情况，提出去杂去劣的具体要求。对检疫性病、虫、杂草可以及时提出处理意见，并采取必要措施防止传播和蔓延。

蓖麻种子的室内检验包括净度、水分、发芽率、生活力、容重、千粒重、纯度、病虫害等项目。通过对蓖麻种子净度检验，可以了解种子中混有的杂种、杂草种子及其他杂质，以便采取必要的措施，清除这些异物，保证蓖麻种子在运输和贮存期间的安全。

通过对蓖麻种子发芽力的测定，选择发芽势、发芽率高的作种子用，能够避免播种发芽率很低的种子而造成浪费和影响产量。在贮存期间，进行蓖麻种子发芽力的测定，可以掌握种子质量的变化，检查贮存方法的正确与否，为种子安全贮存提出意见。得知了蓖麻种子的净度、发芽率和千粒重，可为计算播种量提供依据。

（2）蓖麻品种纯度的检验。纯度检验包括两个内容：一是蓖麻品种的真实性，即检验的蓖麻品种是否与原品种的特征、特性相符；二是品种个体间的一致性，即个体与个体之间在形态特征、生理特性、经济性状等方面是否基本一致。符合品种特征、特性的个体占整个群体的百分率，即为该批种子的品种纯度。品种纯度愈高，生长愈整齐一致，愈能发挥增产潜力。

①蓖麻品种田间检验的步骤、方法。在进行田间检验之前，先要摸清蓖麻品种的播种面积、种子来源和等级；从种子贮存到播种、移栽的各个环节是否混杂以及耕作制度、栽培管理等情况，便于划分检验范围。由于蓖麻是异花传粉作物，还要调查隔离区的情况，用来了解生物学混杂的情况。对种植蓖麻的地块来说，应把栽培管理和生长发育状况大体

一致的田块，划为一个检验区。对面积过大的，就需要划为几个区来进行。每个检验区再根据田块大小和分布，选出有代表性的田块，代表田块不应少于 3 块。每块的取样点数、每点取样株数取决于田块大小和生长一致的程度。如果田块小、作物生长基本整齐，则可以减少取样点，增加每点取样株数。反之，田块大，作物生长不整齐，则应适当增加取样点数，而减少每点取样株数。例如，在内蒙古有的地方成片栽培的蓖麻面积一般都在 20 亩以上，大的田块可达 50 亩。根据这种情况，可考虑取样点数为 10 ~ 15 个，每点取样株数 30 ~ 50 株。其纯度的算式如下：

$$蓖麻品种纯度率（\%）= \frac{本品种株数}{供检作物总株数} \times 100$$

$$病虫感染率（\%）= \frac{感染病虫株数}{供检作物总株数} \times 100$$

$$异作物率（\%）= \frac{异作物株数}{供检作物总株数} \times 100$$

②蓖麻品种纯度的室内检验。蓖麻品种纯度室内检验的主要方法是根据种子的形态和各部位的颜色来进行鉴别。也有通过种苗形态、化学、物理、解剖等途径来进行品种纯度的检验。

蓖麻品种类型多样，种子形态特征往往表现也各不相同。可以根据种子的外部特征（如籽粒表面的斑纹、形状、色泽等）来加以鉴别。

（3）蓖麻种子水分的测定。水分与蓖麻种子安全贮存有密切的关系。超过安全含水量的蓖麻种子，在贮存期间由于呼吸作用旺盛和微生物大量繁殖，造成种子发热、霉变。故在贮存前测定蓖麻种子的含水量对其安全贮存有十分重要的意义。除

18

此之外，蓖麻种子在贮存期间随时在与外界环境进行着水分的平衡，为了使这种平衡有利于不断地降低种子含水量，以达到安全贮存的目的，也需要定期测定和了解种子的含水量。

水分测定通常采用的是电热干燥箱测定法、坠道式测定器测定法、油蒸式水分测定法、红外线水分快速测定法、电子水分测定仪测定法等。

（4）种子千粒重的测定。种子的千粒重是指已干种子的绝对重量，以克为单位。由于蓖麻籽粒较大，也可用百粒重来计算。同一品种种子千粒重的大小，反映了种子大小和饱满度。因此，同一品种种子千粒重越大，则内含的营养物质就愈多，播后长出的幼苗也就愈健壮；从而为蓖麻高产奠定基础。另外，千粒重也是计算蓖麻播种量、预测产量的重要指标。方法是：先将同一蓖麻品种种子混合，而后随机连续数取试样2份，每份500粒，放在天平上称重，精确度为0.1克，2份试样与平均值的误差允许范围为5%。如超过5%，则数取第3份试样称重，最后取差距小的2份试样的平均值作为该样品的千粒重。

蓖麻种子千粒重因含水量不同而有差异，检验计算时，应将检验时的实测水分按种子分级标准所规定的水分折成规定水分的千粒重。

（5）蓖麻籽油脂测定方法。蓖麻籽油分的测定方法有索氏抽提法和油脂快速测定法等。①索氏抽提法的原理。利用有机溶剂从索氏抽提器提出样品中的脂肪，使之溶于有机溶剂中，然后将溶剂蒸发，称其残留物的重量，即可测定样品种子脂肪的含量。用本法提取的称为粗脂肪。因其中除脂肪外还混有游离脂肪酸、蜡、磷脂、固醇、松脂及色素等脂溶性物质。②油脂快速测定法。用石油醚代替乙醚，以洗涤代替浸抽的快速测定法。这种方法可使原来浸抽时间 4~8 小时缩短到 5~8 分钟。

11. 如何安排蓖麻的茬口？为什么要实行蓖麻的轮作制度？

蓖麻对于前作的选择并不十分严格，可以在许多作物的后茬种植。试验表明，前作以大豆或豆科绿肥和小麦为好，红薯地不宜作蓖麻的前茬。在种植夏季作物的地区，实践证明，蓖麻是比很多豆科植物更好的前作植物。法国曾进行了玉米连作和玉米分别与蓖麻、花生、向日葵、大豆、高粱等作物的轮作试验，结果表明与其他轮作相比较，玉米与蓖麻轮作使玉米产量显著提高，平均增产 10.88%。

蓖麻不宜连作。吉林、内蒙古、辽宁、湖北、山东等盛产蓖麻地区的经验表明，长期连作蓖麻是导致病虫害发生较重的主要原因之一。因此，应大力提倡轮作，这在成片种植蓖麻的地区特别重要。一般每 2~3 年与豆科、禾本科作物实行轮作一次。除轮作外，还可提倡蓖麻与其他作物（早熟大豆、花生等矮秆作物）间作、套种（冬小麦、大麦等作物中套种蓖麻），提高土地利用率，增加单位经济效益。据研究，可以在较干旱地区的橡胶园间作蓖麻，它对橡胶幼树的早期生长没有不良影响。

12. 蓖麻高产田要求什么样的土壤条件？如何进行土壤的耕整工作？

蓖麻虽然是一种耐瘠薄、适应性强、耕作较为粗放的作物，但要获得高产，就必须为蓖麻生长创造土层深厚、质地疏松、酸碱适度和有机质丰富的土壤条件。最适土壤是砂壤土和黑钙土。在重粘土、泥泞沼泽地、重碱地和 pH < 5 的土壤上不宜种植蓖麻。

蓖麻对土壤耕作要求较高，为使根系充分发育，就需要进行深耕。研究表明，耕深 24 厘米时，每亩产籽量为 89.75 公斤；耕深 20 厘米时，为 82.45 公斤；耕深 16 厘米时，为 79.15 公斤。由此可见，适当深耕可以提高蓖麻籽产量。

大面积栽培蓖麻时，在一年一熟的地区，需要进行秋季深耕；在早春要进行精细耙地，使土层疏松细软，然后开沟作畦。雨水稀少、排水良好的地区，可以不必作畦。在吉林、内蒙古、辽宁等省（自治区）有些地方冬季风沙较大，为了防止土壤水分过分蒸发和表土流失，耕后应适当耙耱，以利保墒。在风沙太大，不宜秋耕的地区，可实行春翻。

不少地区都是利用缝隙地（路旁、屋旁、田旁、沟旁）、渠道和堤坡等来种植蓖麻，这些地方大多土质较差、不易保水保肥，尤其要注意改善土壤理化性状。由于蓖麻根系对土壤免受冲刷的保护能力不强，在坡地栽培时要采用等高垄作方法，可使土地表层免受雨水直接冲刷，能起到蓄水保墒、减少土壤养分流失的作用。

13. 蓖麻播种前要做哪些准备工作？

蓖麻成熟时期很不一致，收获的种子亦有早有晚。不同时期种子的发育会受到气候及病虫害的影响，势必造成种子质量上的差异。一般而言，不同时期收获的种子饱满度以"伏籽"（入伏后成熟的蓖麻籽）为好，其质量优于"伏前籽"和"秋籽"。因此，在播种前对蓖麻种子进行处理有着重要意义。

（1）选种。通过粒选、筛选、泥水或盐水选种，可以保证播种用的蓖麻种子纯度高、籽粒饱满、大小一致，播种后出苗率高、苗齐、苗壮。粒选和水选，目的是要选择粒饱，大小、光泽、斑纹一致的蓖麻籽作种子用。无种阜的种子，只要种子质量好也能发芽作种子用。粒选后晒 2～3 天进行水选。具体方法是每 10 升（立方分米）40～60℃的温水放入 2～3 公斤蓖麻种子，不时加以搅拌，浸泡约 4～8 小时，淘出浮籽，取用沉底的种子。注意水选时间不宜过长，否则，秕粒种子也会因吸水下沉而降低选种质量。

（2）浸种、催芽。蓖麻的种皮硬而脆，种子吸水缓慢，延缓了种子出芽时间，特别是盐碱地和缺水地，单靠土壤里的水分和温度往往发芽迟缓，出土慢，延缓生长，因而浸种催芽就显得更为重要。具体做法是：用 25～35℃的温水浸种 20～24 小时，或用 45℃左右的温水浸种 3～4 小时，捞出摊开，置于 20～25℃的暖室内堆放 1～2 昼夜，上盖一层草垫，待有部分种子破口露芽，大部分种子吸水萌动，便可立即播种。如果种子量少，有条件的地方可放在生物培养箱内催芽，箱内温度控制在 25℃左右。

（3）药剂处理。通过药剂处理，能消灭蓖麻种子所带病菌，减少发病，还能起到对土壤部分消毒的作用，减轻地下害虫对蓖麻种子的危害和因土壤带菌而引起的某些苗期病害。种子消毒的简便方法是用 40%的福尔马林 1 份加水 300份混匀，洒于缸内种子上，而后加盖闷种 3 小时。少量的种子可用 2%浓度的福尔马林浸拌 30 分钟。也可用多菌灵等药剂拌种。

（4）晒种。播前晒种 2～3 天，能提高种子酶的活力，促进后熟，提高发芽势和发芽率，播种后发芽快、出苗齐。晒种时可将蓖麻籽摊在水泥地上或铺有草垫的晒场上，摊晒的种子要注意勤翻动，使种子各部受热均匀。种子出仓、进仓和翻动时操作要细心，防止损伤种子。如果播种用的蓖麻品种较多，则贮藏、进仓、出仓和在晒场上摊晒都要注意防止混杂，以保证种子的纯度。

14. 怎样做到适期播种？

蓖麻的播种时间，依据不同地区的海拔高度和气候条件而异。蓖麻种子开始发芽的温度是10℃。相关试验表明，气温在12.6℃时，蓖麻种子发芽需22天，在15.2℃时需19天，在18.8℃时需要11天。如果播种过早，蓖麻种子得不到适宜的温度，长期在土层中呈休眠状态。若遇到低温阴雨天气，加上地下害虫危害，常常发生烂种现象。若播种过晚，虽然缩短了种子发芽天数，但因生育期缩短，使分枝和花序数减少，次级分枝上的花序亦不能正常成熟，产量会降低，同时还会影响种子的质量，导致含油率下降、酸度增加。所以，播种蓖麻应提倡在适宜播期内早播为好。如果连续3天20厘米深的土层温度达15℃时，即可尽早播种蓖麻。就我国北方而言，可在4月底到5月上旬播种；长江流域各省可在3月下旬到4月上旬播种；云南、广西、福建等地终年均可播种，但春播期以断霜后雨水充足的早春为好，春播时间一般在2月下旬至3月下旬。秋播时间以8月上旬较为适宜。由于南方夏季温度高，不利于种子发芽和幼苗生长，故不宜夏播。

15. 蓖麻播种方法有几种？

蓖麻播种方法有机械和人工两种。机械播种以气吸式播种机最好，它用种量少且分布均匀，但这种机械价格昂贵。

普通的斜面播种机较适用。蓖麻种子很易破碎，因此必须用至少6毫米厚、14毫米长、5毫米宽长方形孔径的播种板，不能用圆孔播种板。用斜面或平面播种机具播种速度每小时应低于5 000米。适合于播种落花生的平面播种机，只要适当遮挡其孔径的一部分也可用来播种蓖麻。人工播种可采用开沟点播或挖窝穴播的方法进行。覆土深度要适当，覆土太浅，表土干燥，种子不易发芽或出苗不齐；覆土过深，幼苗出土困难。在土壤较粘的地区，种植蓖麻尤要注意覆土不能太深，否则会严重影响出苗整齐度。在土壤水分适中的情况下，覆土深度以4~6厘米为宜。

16. 在蓖麻生长过程中如何做到科学施肥？

蓖麻生育期长，植株高大，分枝多，需要的养分也较多，尤其是南方多年生蓖麻，需肥量则更大。注意科学施肥，能起到增加蓖麻产量、降低生产成本的作用。

据测定，每形成50公斤蓖麻种子需要氮素3.45公斤、磷0.8公斤、钾2.9公斤。蓖麻在不同生长发育时期，吸收氮、磷、钾的速度和数量都有显著的差别。苗期因植株小，吸收营养物质少，但必须满足其生长需要，才能保证苗壮。当进入生殖生长阶段——现蕾、开花时期，吸收营养物质的数量增多，速度加快，是蓖麻营养的关键时期。这一时期吸收营养物质的数量约占全部营养物质的3/4，开花至成熟时期吸收的营养物质约占总量的1/4。

合理的施肥技术，除要考虑到蓖麻不同时期吸收营养物质的特点外，还要考虑到土壤性质、降水情况、基肥数量、肥料种类及质量等因素，确定适宜的施肥数量、施肥次数和施肥时期，以充分发挥肥料的增产作用。

（1）施足底肥。底肥又称基肥，是指蓖麻在播种之前施用的肥料。施用底肥可以使蓖麻在出苗后就能及时吸收充足的养分，同时在各个生育阶段也能随时供给一定养分。用作基肥的肥料多以人粪尿、家畜粪、家禽粪、堆肥、绿肥和土杂肥等有机肥为主，这些肥料具有肥效长、养分含量高和改良土壤结构的作用。以腐熟的厩肥、堆肥混合过磷酸钙和草木灰作底肥效果较好。

一般来说，每亩需腐熟的厩肥或堆肥750~1 500公斤和石灰50~125公斤作基肥。播种时，每窝用0.05~0.1公斤草木灰与表土混匀作盖种肥较好。蓖麻株行距较宽，普通窝植的每窝施堆肥1.5公斤、石灰0.1公斤，加上适量的草木灰。因为草木灰除含钾、钙、磷、镁、硫、铁、钠等外，还含有硼、锰、铜等微量元素，这些都是蓖麻植株生长发育需要的元素。

底肥的施用方法有撒施、条施和窝施。成片种植且密度较大的地块，宜采用撒施，这种方法简便易行。密度小的地块宜采用条施或窝施，这种方法能使肥料相对集中，减少用肥量。

（2）重视施种肥。在播种时，将肥料施在种子附近或随种子施下，这种肥料称种肥（又叫口肥）。种肥能及时供给苗期生长所需要的养分，促进幼苗的生长发育。施用底肥较少的地块，种肥可以弥补底肥的不足。种肥应以速效性肥料为主，如尿素、硫酸铵、硝酸铵、过磷酸钙、磷酸钾、硝酸钾等化学肥料。草木灰和腐熟的人粪尿、家畜、家禽的粪尿也可以用作种肥。

有关试验表明，蓖麻苗期对磷肥需要量较多，播种时以磷肥作种肥对蓖麻有明显的增产效果，一般亩施30~40公

25

斤的过磷酸钙。用作种肥的磷肥以过磷酸钙较好，因磷矿粉和钙镁磷肥肥效迟缓，不宜用作种肥。

土壤中存在活性铁、铝、钙离子等，能与磷酸结合生成不溶性的磷酸盐。因此，磷肥以集中条施或窝施为好，既能减少与土壤的接触，减轻固定，又能靠近蓖麻根系，借根部分泌的有机酸，提高对磷素的利用率。

施用种肥时要注意肥料的性质并结合栽培措施进行。如果采用腐熟的有机肥料作种肥可直接与种子接触，若用化肥作种肥就要注意与种子间隔 10～15 厘米的距离，并有土层相隔，才不致于发生烧种现象。

（3）适时追肥。蓖麻营养体发育旺盛，加之生长期长达 160 天以上，需肥量较大，单靠底肥和种肥，不能满足蓖麻对肥料的需要。特别是在生育后期，如不及时追肥，往往会产生脱肥现象，导致减产。在底肥和种肥不足的情况下，对蓖麻进行追肥就显得更为重要。追肥应采用速效性的化肥和腐熟的人粪尿。

追施氮肥，对蓖麻有明显的增产效果。但应注意施用量和施用期，过多施用氮肥，将刺激植株过度的营养生长，加重病害的发生，使蓖麻产量下降。在开花期如氮肥施用过多，则减产幅度更大，而且给以后的收获带来困难。在定苗以后或开始现蕾之前，追肥以磷、钾肥相配合，能提高蓖麻产量和含油量。一般土壤每亩可用人粪尿 750 公斤、化肥 7.5 公斤作追肥用。如以氮、磷、钾按需要配合施用（或施复合肥）则增产效果更加明显。对于蓖麻的追肥次数，要根据情况因地制宜进行，一般可在苗期（5～6 片真叶）、现蕾期、采果中期各进行一次。追肥与蓖麻的农事操作结合进行，可降低生产成本，节约用工。追肥的方式宜用条施或窝施，施后即行覆土，以避免肥料的损失。

如果在种植苜蓿或施肥较多的前茬作物之后接着种植蓖麻，则可少施甚至不施肥，因为蓖麻具有强大的根系，能够吸收其他作物得不到的有效养分。如果在翻耕有大量未腐烂有机物的土地上种蓖麻，则必须施用速效氮肥，以此抵御负氮效应（期），避免幼苗由于缺少可利用的氮素而发黄。

17. 合理密植对蓖麻生产有何重要性？

蓖麻是高秆作物，要有适当的密度。如果种植过稀，浪费地力，得不到理想的产量。若种植过密，造成个体间相互遮蔽，微环境恶劣，不能充分利用光能进行光合作用制造有机物质，会降低产量和种子质量。因此，密度不当，对蓖麻种子的产量、含油量及油分品质均有较大影响。在一定范围内适当增加密度，实行矮株密植，提高光能的利用率，依靠群体增产是提高蓖麻籽产量的重要措施。

实际生产中采用何种密度，应根据品种特性、栽培方法和目的、环境条件、土壤肥力等因素而定。在干旱地人工播种长势较强的多年生品种，建议采用 200 厘米（行距）×100 厘米（株距）的种植密度，挖窝种植，每窝留苗 1 株，这相当于每亩 350 株左右，亩用种量 0.35～0.5 公斤；矮秆杂交种通常采用 100 厘米×45～50 厘米的种植密度，即每亩保苗 1 000～1 200 株，亩用种量 0.75 公斤左右；一般的常规品种则采用 100 厘米×80～90 厘米的种植密度，即每亩800～1 000株，亩用种量 0.5～0.7 公斤。原则上瘠薄地宜密（65 厘米×80 厘米），亩留苗1 300～1 400株，肥沃地宜稀（100 厘米×100 厘米），亩留苗 700～900 株；高秆品种宜稀，矮秆品种宜密。如果种植蓖麻还需饲养蓖麻蚕时，可适当增加密度，以满足采叶的需要。

18. 蓖麻的田间管理应注意哪些重要环节？

蓖麻从播种到出苗，时间短的也要 10 ~ 15 天，长的可达 1 个月之久。待蓖麻出苗后要及时加强田间管理，这对于促进蓖麻生长发育，提高种子产量和质量有重要的意义。

（1）查苗补苗。蓖麻种子发芽后向上伸长，子叶被带出土。良好的土壤条件，有利于种子出苗。有的地方，播种后遇雨，常造成土壤板结，需要迅速采取耙地、轻锄破板（播种 5 天后进行），使幼苗顺利出土。播种 5 天后施用无残毒的除草剂"对草快"可节省一些栽培劳作。待蓖麻出土后要检查苗情，对缺苗的地方要及时移苗补栽。实践证明，蓖麻移栽的成活率很高。在墒情好，气温不很高的情况下，尽早移栽（1 ~ 2 片真叶时），成活率可达 95% 以上，尤其是在阴天的傍晚，加之土壤湿度较高，选用健壮的小苗移栽，其成活率可达 100%。移栽方法有两种：一是用筒式移苗器（即棉花移苗器）移栽，作业进度快、成活率高；二是坐水移栽，先在缺苗处用锄头或小铲挖窝，再用小铲带土移取幼苗栽入窝内，即可培土压实、浇水。

当幼苗长出 2 片子叶时，如果苗子过密，就要疏苗，待长出 3 ~ 4 片真叶时，就要进行间苗，每窝留壮苗 2 株，以防地下害虫危害。间苗过迟，常造成幼苗相互拥挤，生长瘦弱，形成高脚苗。当幼苗长出 5 ~ 6 片真叶，植株已达 25 ~ 30 厘米高时，可进行定苗，每窝留 1 株壮苗。

（2）杂草防治及培土。蓖麻株行距较宽，杂草容易滋生。尤其是在早期生长阶段（从播种到出苗后约 45 天）蓖麻生长缓慢，难以与杂草竞争。大约 45 天后，植株长到一定高度，开始遮住垄间土地从而封闭杂草。为了获得较高产量，应使蓖麻在播种后至少45天内，保持在无杂草的环境条件下生长。播种前施用除草剂是一个较好的栽培措施。播种后施用除草剂虽然有效，但对蓖麻的产量会产生一定的影响。

蓖麻根系分布广泛且大部分布在土壤浅层，所有的后继耕作应在浅层中进行，应尽量减少中耕次数或实行免耕法。深耕将严重加剧植株枯萎病的发生，此病是由真菌侵染根部受伤组织而生。

蓖麻枝根相对幼弱，而植株枝叶茂盛，易遭风灾倒伏。因此要注意起垄培土，使根群着生牢固，以防倒伏和便于排水。培土工作应在蓖麻现蕾开花前结束。一旦蓖麻植株发生倒伏，要及时扶正，使植株正常生长。

（3）掐尖整枝留大穗。蓖麻具有多分枝无限生长的特性。群体结构不同，其单株的分枝数、果穗数也不一样。合理的群体结构是获得高产的基础。整枝是人为控制调节蓖麻群体结构的一种方法，主要有以下作用：一是可控上促下，防止枝叶徒长，调节生殖生长和营养生长，节制营养物质的消耗；二是解决株间阴闭，改善通风透光，提高光合效率，增加干物质积累；三是充分利用蓖麻的大穗优势和当地高温多雨的气候优势，大幅度提高蓖麻籽产量。因此，整枝也是蓖麻获取高产的途径之一。据内蒙古自治区哲盟农业科学研究所1985～1989年5年11点次试验结果，整枝比未整枝的增产率达11.4%～40.6%，平均为23.0%。

19. 蓖麻整枝有哪几种主要方法？

蓖麻的整枝方法因品种、当地自然条件不同而异，主要有以下三种方法：

（1）掐主定副整枝法。在主茎花序现蕾或现蕾前把主茎花序掐掉，留取主茎上发出的3～4个发育健壮的一级分枝，抹掉其他弱小分枝。其优点是可发挥一般品种的一级分枝穗生产力强的优势，靠分枝大穗增产。另外，可使蓖麻收获期相对集中，利于经济用工，提高劳动生产效率。

（2）主副结合整枝法。这是生育期较短地区、薄地密植条件下，或应用中晚熟品种定密、定穗栽培方式的一种整枝方法。具体做法是留取主茎穗和2～3个一级分枝穗，把其他弱小分枝或不能成熟的果穗打掉，以使营养物质集中供给主茎穗和几个一级分枝穗，通过株数的增加来获得高产。无霜期稍长，较肥沃的土地上应用大穗类型的中晚熟品种，确定一定的密度和单株留穗数来获取单位面积总果穗数。中熟品种在一定的密度下，单株穗数定在4～5穗时，可留取主穗和两个发育健壮的一级分枝，每个一级分枝只允许生长两个果穗，其他分枝穗全部打掉。晚熟品种只留主茎穗和两个一级分枝穗即可。

（3）多穗整枝法。此种整枝方法是在一定的栽培方式，一定的群体结构下，发挥蓖麻的自行调节能力，顺其自然发展。只在初霜期前40天左右进行整枝，并只打掉刚现蕾的花序和弱小的新分枝。其主要目的是避免营养的无效消耗。

蓖麻的叶子是进行光合作用制造养料的主要器官。饱满的种子数同叶面积和总产量之间存在相关性。采摘蓖麻叶子饲养蓖麻蚕，对产量有一定的影响。试验证明，种子产量随着疏叶数量的增加而损失加大。以收获种子为目的的蓖麻栽培，每株采叶量不宜超过1/4～1/3，且需在叶片大部分接近老熟时采摘，一般下部的叶片对产量影响较小。

20. 怎样进行多年生蓖麻的冬春管理？

在云南、贵州、四川等温暖地区，蓖麻成为多年生的草本植物。秋季新发的枝叶生长缓慢，侧生花序极少，可在种植蓖麻的行间点撒豌豆或胡豆等豆科作物，既充分利用地力，又消灭杂草，提高土壤肥力，肥嫩的豌豆尖和胡豆还是很好的淡季蔬菜。立春后，气候渐暖，当见到枝条上有新芽萌动时，即可松土施肥。肥料要施在蓖麻枝根密集处，以利于充分吸收。可采用环状施肥法，即在距主根65厘米左右的地方挖17～20厘米深的环状沟，将水肥施入沟内，然后覆土。此法既经济又简便易行。另外还可依据冠幅度大小，间隔一定距离挖17～20厘米的深窝，将水肥施入后覆土。此法伤根较少，还可以深施。

对多年生蓖麻，视其生长年份和衰老情况，实行锯伐更新，以促进萌发再生新枝。相关试验结果证明：凡是锯伐更新的植株，株高降低，采收方便，新发枝条着生的果穗长而大，结果数目多，使产量提高。

对2、3年生植株锯伐更新，要求在早春侧芽已萌动，能明显确定锯伐高度时进行。一般在距地表30厘米左右处将主秆或一级枝锯掉，保留3～4个侧芽。由于受锯伐的刺激，原来每一个芽点能萌生2～3个新芽。因此，锯伐后1个月左右要进行疏芽工作，每株选留壮芽2～3个。疏芽后结合松土，追肥1次，以促进新芽发育良好。锯下的枝干可作燃料或造纸，若有病虫发生，应尽早处理，以免传播危害。

在长江流域，蓖麻宿根多年生栽培，应注意越冬防护措施。在霜降前用稻草或双层农用薄膜将植株覆盖，或将植株从茎基部斜向砍断，断面要求平滑。在切面上涂以牛粪和稀泥的混合物或培土壅盖，来年将土拨开，使之发芽生长。在轻霜区，可任其自然越冬，到了来年春天，茎基部萌芽后将地面 30 厘米左右高处的老茎切断，断面一定要略带倾斜，切口要平滑，以免雨水注入引起腐烂。靠近基部冒出的新芽较多，一般只选留壮芽 3 ~ 4 个，其余应及时掐掉。

21. 合理的灌溉措施对蓖麻的生长发育有何意义？

蓖麻在种子萌发、生长初期和开花至籽粒灌浆阶段需要大量的水分，该阶段如遇长期干旱则需采取合理的灌溉措施以保证蓖麻的正常生长发育。灌溉的方法主要有沟灌、喷灌和滴灌 3 种。蓖麻对各类灌溉都有良好的反应。依据蒸腾强度和土壤持水量的大小，蓖麻在整个 4 ~ 5 个月的生长期内约需 600 毫米的水分，且应按 10 ~ 14 天的循环周期合理分布。

地表灌溉可开约 30 厘米深的沟，灌沟后，将蓖麻播在垄上足够深的湿土中。出苗后当植株长到 4 叶期，隔沟灌溉是一个较好的措施。后续是否灌溉则要依据土壤的温度、田间持水量和根的深度而定。

灌溉要分 7 ~ 18 天一个循环来进行。如采用 7 天一个循环，则要定期观察蒴果霉菌的发育情况。当大气湿度很高，土壤水分过多时（尤其是在开花前期），植株容易发生萎蔫。是否需要灌溉，植株本身是最好的指示者。植株在每天的早晨不应发生萎蔫，这种逆境将使植株产生大量空壳或秕粒（杂交种尤其如此），植株下部一些老叶也将脱落，虽然它对植株产量影响不大，但下部遮荫环境的缺乏将有利杂草的生长。

22. 地膜覆盖栽培技术对蓖麻有哪些效应？

地膜覆盖是一项新的农作物高产栽培技术措施，现已被广泛应用在蔬菜、经济作物和产值较高的粮油作物上，并取得了显著经济效益。地膜覆盖有增温、保墒、抑制杂草、加大温差来促进作物生长发育的作用，使各生育时期提前，增加成熟穗数，提高单株产量，这无疑是无霜期较短地区相对延长作物生产季节，使晚熟作物正常成熟的一项有效措施。

蓖麻是喜温作物，有无限生长特性，进行地膜覆盖，有很大的增产潜力。该项栽培技术措施对蓖麻生产主要有以下几点效应：

（1）能提高土壤温度，这样相应地增加了蓖麻生长发育日数。此外覆膜还能加大土壤昼夜温差，有利于干物质积累，为晚熟品种的正常生长发育，提供可靠的物质基础。

（2）可以保持土壤水分，是一项抗旱保墒措施。

（3）可以促进蓖麻生长发育，主要表现在：①使蓖麻的各生育阶段提前；②可使分枝数、果穗数、穗长、单株粒重都大于不覆膜的。

（4）有利于提高单位面积的经济效益。

23. 我国北方蓖麻高产栽培技术的要点是什么？

我国蓖麻资源广布20多个省（区），而成片种植面积较大的有内蒙古、吉林、辽宁、山西、黑龙江、河北和山东等省（区），占全国栽培蓖麻面积的80%以上。这些省（区）大都处在我国北方地区，蓖麻不能越冬，需年年种植。20 世纪 80 年代以来，该区许多农业科研单位在蓖麻新品种选育的基础上，开展了高产栽培技术研究，取得了显著成效，其要点如下：

（1）推广以良种密植为中心的系列化栽培技术措施。以选育的优良蓖麻品种为基础，依据北方气候特点、自然条件，从其生长发育规律的研究入手研究肥、水、密等高产栽培技术。确定了以密植为中心，以管保密，以肥保产的系列化高产栽培技术措施。

（2）间作套种一地两用。蓖麻有无限生长特性，能多次开花结果、分枝性强，边行优势大，自行调节能力强，但苗期生长慢，幼苗期棵间裸地较多，清种生育前期造成地力、光、温、水等自然资源的浪费。若把其种植的行距稍加大株距缩小，行间种上耐寒生育期较短的作物，如小麦、早熟马铃薯、早甘蓝等。既能把蓖麻前期的裸地资源充分利用起来，又为蓖麻后期生长创造优良的通风透光条件，提高籽实产量，达到一地双收的目的。

（3）蓖麻地膜覆盖、发挥中晚熟品种的高产优势。蓖麻是喜温作物，有无限生长特性，进行地膜覆盖，有很大的增产潜力，可使蓖麻产量成倍增加，是蓖麻创高产的一项有效途径。

（4）掐尖整枝留大穗。蓖麻具有多分枝无限生长的特性。随群体结构的不同，其单株的分枝数、果穗数也不一样。合理的群体结构是获取高的经济产量的基础。整枝是人为控制调节蓖麻群体结构的一种方法。整枝的方法因品种和当地自然条件而异，主要有掐主定副、主副结合、多穗整枝法，详见问答 19。

24. 我国北方地区小麦套种蓖麻的栽培技术要点是什么?

小麦套种蓖麻能获得较高的单位面积产量和较好的经济效益,尤以小麦套种双行蓖麻效益最显著。蓖麻具有较大的边行优势,是进行套种的理想作物。小麦套种蓖麻的栽培技术要求如下:

(1)确定适宜的套种比例。套种单行蓖麻以90厘米(小麦):60厘米(蓖麻)为宜;套种双行以90:100(厘米)为宜,尤以后一种比例最好。

(2)精细整地、修高标准畦田。要耕翻耙耱,使土壤疏松细碎,畦面平整。埂直、宽窄高矮一致,同时踩实,埂高20厘米左右。最好秋冬灌水,保证小麦、蓖麻适时早播、一次播种抓全苗。

(3)选择适宜品种。蓖麻品种以哲蓖3、4号、汾蓖6号为宜。小麦以中矮秆高产类型较好。

(4)合理密植。小麦纯面积每亩播种量25公斤左右。采用机播或宽播幅条播。蓖麻株距40~50厘米,双行套种行距60厘米左右。

(5)增施肥料。每亩需投入农家肥2 000~3 000公斤,二铵20公斤左右,尿素40公斤。农家肥在整地时一次性投入。化肥作种肥和追肥分期投入。其中小麦播种时施二铵15公斤、尿素4公斤做种肥,结合浇三叶水追施尿素10公斤,6~7叶时追15公斤。蓖麻播种时用5公斤二铵做种肥,麦收前10日左右追施尿素7.5公斤,麦收后追尿素5公斤。种子与化肥要分开,追肥距植株15~20厘米,穴施,深施10厘米左右,追施最好在降雨前或浇水前进行。

（6）适时早播。小麦在 3 月 20 日前播完。播前晒种 5～7 天，用拌种剂拌种。采用机播或宽播幅条播。蓖麻于 4 月 20 日左右播种。人工穴播，穴距 40～50 厘米，每穴下种 2～3 粒。

（7）合理灌溉。小麦二叶一心浇头水、4～5 叶浇二水、6～7 叶浇三水、灌浆期浇四水。蓖麻在麦收后视具体情况适量浇水，一般出现旱象要浇 1～2 次水。

（8）加强田间管理。蓖麻 2 片真叶时疏苗，3～4 片真叶时定苗。进入激烈竞争阶段小麦对蓖麻有遮荫现象时人工在埂两侧向畦内踩小麦边垅，使其对蓖麻的影响减到最小程度。麦收后要及时灭茬、培土追肥。到 8 月 15 日以后进行整枝，打掉无效的花蕾和新生的枝杈。做到及时收获，熟一批收一批。

25. 如何确定蓖麻的适时收获期？

人们从事蓖麻生产实践活动的主要目的在于获得数量多和质量优良的种子。因此，确定蓖麻适宜的采收期就显得尤为重要。蓖麻种子成熟初期形成的是大量游离脂肪酸，这种游离脂肪酸以后渐渐转化为复杂的甘油脂。未成熟的蓖麻种子油脂的酸价高，但随着种子的成熟酸价会降低。蓖麻种子收获过早，其酸价不但高，而且会降低种子产量和含油量。过早收获的蓖麻种子，千粒重低，皮壳率高。收获太晚，种子过分干燥，容易脱粒掉地，若遇阴雨天气还会发生种子在果穗上发芽和霉烂现象。

由于同株蓖麻果穗成熟时期很不一致，即使同一果穗上的蒴果成熟亦有早晚，这就需要确定采收标准，分期分批收获。具体标准是：当果穗上大部分蒴果呈现深褐色或黄褐色，蒴果凹陷部分有裂纹出现时可即时收获。假若是蒴果不易开裂的品种，则可待果穗上全部蓖果成熟，果皮呈黄褐色时采收。收获工作宜在晴天早上进行，因为此时露水未干，成熟蓖果不易炸裂，可避免因种子脱落造成的损失。采收方法有机械和人工收获两种。目前我国主要采取人工收获方法。可用镰刀、枝剪或其他刀具，将成熟果穗取下装袋或装筐运送到晒场摊晒。如果遇到阴雨天气就摊放在有层次的网架上，让其自然晾干，切勿堆放过厚，否则因不通风、湿度过大而发热霉变，影响种子质量和油的品质。国外有些栽培品种，高度适中，绝大多数果穗熟期较一致，不裂蓖，可用机械收获，在无霜的地区可用化学试剂脱叶，当98%的蓖果变成褐色时即可进行收获。

26. 如何对蓖麻蓖果进行脱壳？

田间收获的蓖麻种子带有果壳，要取出种子，需要经过脱壳的加工工序。蓖麻蓖果充分干燥后，应及时进行脱壳，以提高脱壳率。湿度较大的蓖果往往不易脱净，需要反复脱壳，费工费时，提高了加工成本，而且使破损种子增多。

脱壳方法有手工和机械脱壳两种。手工脱壳是用木制搓板反复擦搓果壳，使种子和果壳分离。这种方法在蓖麻生产量不大的地方可采用，而在大面积栽培蓖麻的地方则需要使用机械来加工。由中国农业科学院油料作物研究所和湖北东方红粮机厂共同研制生产的 YBKJ36×60 蓖麻剥壳机，具有电动和手动两种功能，效率高，手动每小时处理量为 100 公斤，电动每小时处理量为 600 公斤，其剥壳率在 90% 以上、破损率在 4%～5% 左右。

为了提高蓖麻脱壳质量，达到满意效果，进入料斗的蓖麻蓖果大小、形状、干燥度应较一致。因此应在脱壳加工之前将蓖果按大小分级，分别脱壳。

在脱壳过程中，一旦出现破损种子，应注意剔除（破损种子也可即时用来榨油），以免籽粒在贮藏中受潮霉变而影响蓖麻油的品质。

27. 如何贮藏蓖麻种子？

蓖麻种子是下一年扩大再生产和工厂加工生产蓖麻油的基本条件，蓖麻种子的贮藏是生产和加工的重要环节之一。新鲜的蓖麻种子是一个有生命的活体，它的内部在不断地进行新陈代谢，而且也时刻受到外界环境条件的影响。从蓖麻种子的收获至下次播种要经过一个阶段的贮藏。贮藏条件的优劣与贮藏期间管理的好坏，直接影响种子的生活力。采取科学的方法贮藏种子，可以延长种子寿命，保持种子的生活力，为下年种植蓖麻获得全苗、壮苗和高产奠定基础。相反，不正确的贮藏会引起蓖麻种子的发热、霉变，使其在很短的时间内丧失其生活力，给下年的生产和良种繁育带来十分不利的影响。作为商品用来榨油的蓖麻种子也是如此，发热、霉变、酸败后榨出的油酸价高、品质降低，缩小了蓖麻油的使用范围，造成不应有的经济损失。

影响蓖麻种子寿命的因素除内在原因，如蓖麻种子的遗传特性和种子个体生理成熟度外，还有一些外在因素，如种子的含水量、温度、通气状况、微生物、害虫的活动状况等。蓖麻种子的保存方法，一般是采用干燥和低温的方法，使种子在贮存期间生理代谢和物质消耗降低到最低限度，在较长时期内保持种子的生活力。实践证明，将含水量为14%的蓖麻种子置于底部盛有无水氯化钙的玻璃容器密封，在室温条件下，3年后种子发芽率仍在80%左右；如果将种子含水量降至11%，温度保持在0～10℃，则保存的时间还会更长。对于少量的蓖麻种质资源，可贮入品种资源贮藏库，利用人工控制种子贮存温度、湿度及通气条件，使种子在高度干燥、低温、真空条件下，处于极低的代谢状态，从而达到长期贮存。一般情况下，蓖麻种子贮藏期安全水分为9%～10%，温度25℃以下。

28. 我国蓖麻主要病害有哪些？如何防治？

危害蓖麻的病害较多，主要的有以下几种：

（1）蓖麻疫病。在高温高湿条件下易发生，盛期在7～8月间。多在幼株的叶及茎发病。起初在子叶上生暗绿色的圆形病斑，然后向叶柄延及茎部，最终扩及全株，使其软化腐烂。在叶片上，初为淡色，后转褐色形成小病斑，其后扩大，周缘绿灰色，内部暗色或淡褐色，形成淡的同心轮纹。湿度大时易发生，斑上有时微生白霉。此菌生活力弱，干燥时则停止繁殖。传播途径主要以卵孢子在被害植株及土中越冬，亦能以菌丝及厚垣孢子越冬，再行传染。其防治方法：一是除去被害植株并烧毁；二是避免种在阴湿之地，改善通风和排水条件；三是实行轮作；四是发病严重时喷洒波尔多液（硫酸铜0.5公斤、石灰0.5公斤、水80公斤），这是一个简便经济的防治方法。

（2）蓖麻枯萎病。镰刀霉枯萎病，在苗期和现蕾开花期均有发生。病害主要集中在果穗上，呈黑褐色。由于该病菌破坏了植株的输导组织，引起水分供应失调，造成植株萎蔫干枯。其防治方法：①选育对该病有抗性的品种。②拔除病株烧毁。③采用深耕破坏病原菌的生活环境。④消除病源。枯萎病主要是通过种子和土壤传播，病原菌落到土中能保持生活能力达数年之久。染病种子会使当年幼芽感染，所以在收获之前就应注意是否有感染的病植株，只在未发病的地段采收种子，单收、单脱壳、单贮藏。⑤药剂防治。播前采用多菌灵拌种。多菌灵是一种高效、低毒、广谱、内吸型杀菌剂，残效期长。用种子重量 0.5％ 的 50％ 可湿性粉剂拌种或 50％ 可湿性粉剂 250 倍液浸种 14 小时左右；也可每亩用 10％ 可湿性粉剂 5 公斤，播前施入窝内或播种后再用药土覆盖种子。⑥实行轮作。

（3）蓖麻叶枯病。此病发病时间在 7～9 月。主要发生在叶部，初期在叶片上出现灰白色的不规则病斑，其后转呈灰白色或淡褐色，内生茶褐色不规则同心环，病情严重时，病斑部迅速失水干枯，叶片易开裂。其防治方法：①除去被害叶集中烧毁。②收获后，对发病地实行秋耕，将表土深埋土中。③实行轮作。④病情严重时喷洒波尔多液（比例同前）。

（4）蓖麻细菌性斑点病。整个生育期均可发生，初秋多湿季节发生尤多，以叶部为主，茎部亦可发生，初期叶上生水浸状小斑点，其后扩大成不规则多角形，内部暗褐色，周缘成水浸状。病斑干枯后，容易脱落成孔，严重时叶片几乎全部消失只有叶脉残存。其防治方法同蓖麻叶枯病。

对蓖麻病害，要着眼"防重于治"。注意选育抗病品种和从栽培技术上防病。

29. 蓖麻主要虫害有哪些？怎样防治？

为害蓖麻的害虫很多，据四川省西昌农业专科学校刘联仁初步统计有 92 种，隶属 6 目 38 科，但常见的危害性大的仅有数 10 种。这些害虫为害的方式是食叶、食根、钻茎、蛀果、潜叶、吸汁等。蓖麻由于遭受各种害虫为害，致使缺苗断垄、落花落果，生长发育畸形。害虫造成的伤口也易使病毒、病菌侵染，造成病害大量发生。所以害虫又是传染病害的媒介。消灭病害，首先要消灭害虫。

（1）幼苗期害虫。主要有以下几种：①小地老虎（Agrotis ypsilon）。是一种多食性害虫，在我国分布甚广，造成缺苗断垄。每年发生代数各地不同，辽宁、甘肃、山西、内蒙古等省（区）每年发生 2～3 代；山东、河北、河南、陕西等省每年发生 3～4 代；湖北、江苏、四川等省每年发生 4～5 代。一至二龄幼虫昼夜在植株上活动，取食心叶叶肉，留下一层皮，形成窗状小孔，并将蓖麻嫩头咬掉。四龄后开始咬茎，五至六龄常将幼根咬断，并将植株上部拖到穴内取食。这时转株为害，进入暴食阶段。老熟后在土下 3～4 厘米处居室化蛹。小地老虎发生和为害程度主要取决于土壤湿度的高低。在低洼、河沿、田间杂草多的地方，产卵量大、为害严重。其防治方法一是加强测报工作；二是除草灭虫；三是诱杀成虫（可用黑光灯、糖、蜜诱杀等）；四是药剂防治（每亩用 0.15% 的敌百虫粉 2～2.5 公斤或 90% 敌百虫 1 500 倍液）；五是人工捕捉。②线虫。属鞘翅目、叩头虫科。侵害植株的幼苗，使苗数减少。可用广谱杀虫剂进行防治。③绿蛾。主要为害幼芽。

（2）叶面害虫。以下 5 种害虫为害严重。蓟马（缨翅目）和叶蝉（小绿叶蝉）。对叶造成伤害，尤其是无蜡粉的植株更易受到伤害。红蜘蛛和潜叶虫。在潮湿的热带、亚热带气候条件下，潜叶虫显得更加危险，红蜘蛛在干热的环境条件下交配繁殖，为害蓖麻叶。食叶片和幼芽最危险的幼虫有半环状夜蛾的幼虫。可用 1 500 倍敌百虫液进行防治；棉铃虫。用敌百虫 800～1 000 倍液喷雾防治；扁刺蛾。扁刺蛾，一年发生 2 代，少数 3 代。防治途径一是人工防治；二是药剂防治（用 90% 晶体敌百虫 100 倍液或杀螟杆菌 1 000～1 500 倍液喷雾）；三是生物防治（紫光姬蜂能寄生于扁刺蛾的虫茧）。

（3）花和蒴果害虫。危害幼花和花序的害虫主要有：①稻绿蝽。在蛹期就对幼芽造成伤害，使花不能开放。而在成虫期主要侵害正在发育的花序，造成蒴果大量脱落。可用 1 000 倍敌百虫液喷雾防治。②牧草盲蝽。对花和蒴果造成伤害。它使幼嫩花序变黑、枯萎。这种害虫有时能毁灭整块田间的蓖麻。在非洲，侵害雄花，使之不能开放，从而导致花粉缺失。可用敌百虫等杀虫剂进行防治。③棉铃虫。幼龄幼虫，伤害花蕾及花，老龄幼虫伤害蒴果外部或把内部嫩种子吃掉。早期被害的蒴果常脱落或提前成熟，饱满度严重不足。可通过药剂喷杀幼虫（用 50% 敌敌畏 1 000～2 000 倍液喷雾或用敌百虫 800～1 000 倍液喷雾）、人工诱杀成虫（用黑光灯诱杀或用新鲜杨树枝诱集捕杀）的方法进行防治。④草地螟。属鳞翅目，螟蛾科。一年发生 2～4 代，老熟幼虫在土里吐丝结茧越冬，春末夏初化蛹，成虫喜潮湿，昼伏在杂草中，夜出活动，有趋光性，喜食花蜜。其防治方法：一是药剂防治（50% 可湿性滴滴涕 400 倍液）；二是除草灭虫；三是实行秋耕，以破坏其越冬场所。

市场上可以买到不同效果的杀虫剂，如果使用得当，将使害虫的危害控制在一定的范围内。通常在蓖麻的整个生长发育期需要进行 3～4 次防治。

第二部分　向日葵

30. 我国向日葵主要有哪些优良品种？

（1）内葵杂 1 号。内蒙古农业科学院作物研究所 1987 年育成。组合为 75-33A × 内 5。属早熟油用类型，生育期 107 天，株高 170 厘米，无分枝；叶片 34 ~ 36 枚；花盘直径 20 厘米；籽粒黑色；百粒重 5 ~ 5.5 克，出仁率 73% ~ 78%；含油量 48.45%，是国内籽实含油量最高的杂交种。在内蒙古西部、宁夏河套灌区、甘肃、新疆、山西等省（区）大面积生产应用，累计推广面积在 100 万亩以上，为国内种植面积最大的杂交种。

（2）内葵杂 2 号。内蒙古农业科学院作物研究所 1989 年育成。组合为 76-64A × 内 5。属早熟油用类型，生育期 106 天。其特征是幼茎、叶柄、叶脉、叶缘均为紫色；株高 170 ~ 180 厘米，无分枝，叶片 32 ~ 36 枚。花盘直径 21 厘米；种皮紫色，百粒重 6.1 克，出仁率 75%，含油量 44%。在中等肥沃的土地上亩产量 200 公斤左右。在高寒山区春播比胡麻产籽高 1 ~ 2 倍。已在内蒙古西部、宁夏河套灌区、甘肃、新疆、山西等省（区）推广。

（3）龙葵杂 1 号。黑龙江省农业科学院经济作物研究所 1989 年育成。组合为 84102-6A × 恢 5。属中熟油用类型，生育期 110 天；株高 197 厘米，无分枝，叶片 30 ~ 34 枚；花盘直径 18 ~ 20 厘米；种子黑色，卵圆形，百粒重 5.7 克，出仁率67%，含油量37.9%。平均亩产量125公斤。该杂交种的特点是抗病性强。适宜于黑龙江省各地及菌核病、霜霉病严重地区种植，每亩留苗2 500～2 800株。

（4）辽葵杂3号。辽宁省农业科学院育种研究所1990年育成。组合为7718A×7602-15。属早熟油用类型，生育期90天；株高150厘米，叶片26枚；花盘直径18.6厘米，花瓣橙黄色，种皮黑色；百粒重8克，出仁率74%，含油量39.3%，亩产量168公斤；高抗黑斑病和褐斑病。适于黑龙江、吉林、辽宁西部、内蒙古及新疆北部一季春播；辽宁中南部、河北、新疆南部等地作麦茬复种。

（5）白葵杂2号。吉林省向日葵研究所1990年育成。组合为76202-3A×7838-321。属中早熟油用类型。生育期98天；株高200厘米，少数植株茎基部有两个分枝；叶片32枚。花盘直径20厘米；种皮黑色有灰色条纹，少数籽粒种皮黑褐色，百粒重8克，出仁率64%，含油量37.5%；平均亩产量223公斤。高抗螟虫，较抗叶斑病。

（6）白葵杂3号。吉林省向日葵研究所1990年育成。组合为74102-4A×索82-413。属中晚熟油用类型。生育期110天；株高179厘米，叶片35枚；花盘直径21厘米；种皮黑色，百粒重6～6.3克，出仁率72.9%，含油量37.94%；高抗褐斑病和向日葵螟，中抗黑斑病；抗旱性强；一般每亩产量136公斤，最高可达280公斤。适应范围为吉林、山西、宁夏、内蒙古、新疆等省（区）。适宜种植密度每亩2 700株。

（7）汾葵杂3号。山西省农业科学院经济作物研究所1987年育成。组合为74102-4A×7911。属早熟油用类型。生育期春播100天左右，夏播85～90天；株高180厘米，无分枝，叶片 32 枚；花盘直径 20 厘米；种皮黑色，百粒重 6.8 克，出仁率 75%，含油量 39%。适于麦茬夏播和高寒山区春播。抗旱性较强，较抗叶斑病及螟虫。一般每亩产量 125～150 公斤，高产田块可达 200 公斤，比黑葵增产 21.7%。适应范围广，在山西省各类土地均能种植。

（8）汾葵杂 4 号。山西省农业科学院经济作物研究所 1988 年育成。组合为 74102-4A×7961。属早熟油用类型。生育期春播 100 天左右，夏播 90 天；株高 190 厘米，无分枝，叶片 32 枚；花盘直径 20 厘米；种皮黑色。百粒重 8.1 克，出仁率 72%，含油量 36.3%。适于麦茬夏播和高寒山区春播。抗旱性较强。抗锈病能力强，较抗叶斑病，高抗螟虫。一般每亩产量 150 公斤。适应范围广，山西全省各类土地均能种植。适宜种植密度每亩为 3 000 株。

（9）吉葵杂 1 号。吉林农业大学农学系 1993 年育成。组合为 A871-C871-1。属中早熟油用类型。生育期 102～105 天；株高 200 厘米，茎粗 2.36 厘米，叶片 33～35 枚；花盘直径 19～23 厘米；种皮黑色，百粒重 6 克，出仁率 74%～76%，籽实含油量为 42.25%；抗叶斑病、霜霉病和锈病，较抗菌核病，高抗螟虫；平均每亩产量 218～250 公斤。5 月下旬播种，适宜种植密度每亩为 4 300 株。

（10）龙葵杂 2 号。黑龙江省农业科学院经济作物研究所 1994 年育成，组合为 88101A×恢 5。属中熟油用型。生育期为 100 天；株高 192 厘米，叶片 40 枚，无分枝；花盘直径 40 厘米以上；籽粒黑色，百粒重 6.6 克，皮壳率 30.2%，籽实含油量为 40.09%；中抗菌核病，高抗螟虫，兼抗叶斑病等；平均每亩产量为 100～150 公斤，高的可达 150～250 公斤。一般在 5 月 15 日前后播种为好，适宜种植密度每亩为2 500株。

（11）长岭向日葵。吉林省白城地区长岭县的地方品种，已种植多年。株高200厘米以上。花盘直径8～20厘米。百粒重11.3克，食用型。皮壳率58%，种仁含油率52%。吉林省种植面积较大，辽宁省部分地区也有较大面积种植。

（12）三道眉。农家品种。在华北、内蒙古各地均有栽培，属于食用型。籽实含油量32%左右，皮壳率48%；一般株高290～350厘米，分枝率20%左右；花盘直径25～30厘米；籽粒大，白色，有灰褐色条纹，百粒重为10～12克；生育期140～160天；耐盐碱，喜肥水；抗旱抗寒，抗锈病能力强。

31. 向日葵一生经历哪几个生育阶段？

向日葵的一生大体可分为3个生长发育阶段：从播种到花序形成以营养生长为主，称为营养生长阶段；从形成花序到开花，是营养生长和生殖生长并进的阶段；从开花到瘦果成熟，以生殖生长为主，称为生殖生长阶段。向日葵的全生育期又可划分为苗期、现蕾期、花蕾期、盛花期、生理成熟期、收获期等若干个生育时期。

（1）播种～出苗期：春播需7～20天，此时可以确定植株密度。

（2）出苗～第一对真叶期：一般需5～10天。

（3）第一对真叶期～现蕾期：这一时期确定了幼苗的根系的生长势，对土壤结构反应灵敏。此时，植株还分化了大量叶原基及花原基。

（4）现蕾～开花盛期：干物质积累最多（可达13.3公斤/亩/天），吸收矿物质的速度也很快。开花中期，植株已积累全部干物质的70%～80%，但尚无油分积累。

（5）开花盛期～生理成熟期：约需 30～60 天，生长减缓，花盘成为营养运输库，油分开始形成和积累。此期对菌核病十分敏感。同化产物大量向花盘运输，种子干物质增加，水分减少，当种子含水量减少到 28% 左右时种子便在生理上成熟了。

（6）生理成熟期～收获期：需 10 天左右，干物质增加缓慢，脂肪积累，蛋白质合成积累。

32. 影响向日葵生长发育的环境条件有哪些？

向日葵各个生育时期所需要的天数，除取决于品种本身的特性外，外界环境条件如温度、日照、水分、土壤和栽培方式对之影响较大。向日葵不同生育时期有其不同的特点，对外界环境条件有不同的要求。因此，认识和利用这些特点，促使向日葵向着丰产的方向转化，对夺取向日葵丰收具有重要意义。

（1）温度。向日葵的原产地在北美洲的西南部，有大陆性气候特点，温度升降剧烈，造就向日葵既喜温热而又耐低温。它发芽所需的温度最低为 4～6℃，最适温度为 31～37℃，最高温度为 37～44℃。向日葵能耐低温，但并不喜欢低温，在温度适宜或较高的情况下发育明显加快。一般油用品种，早春播种的整个生育期间需积温 2 300～2 400℃，而夏播只需 1 700～2 200℃。

（2）光。向日葵同小麦、水稻、豆类、烟草和油菜等作物一样，均表现出明显的光呼吸特性，为高光呼吸植物。大豆、小麦等，光合强度在 30～50 千米烛光范围内呈光饱和，而向日葵即使达到 80～100 千米烛光也不出现光饱和现象。

向日葵属短日照或中性日照作物,最喜欢充足的阳光。幼叶、幼茎、总苞叶以及花盘与向日葵的向阳性有密切关系。向阳运动对向日葵十分有利,是向日葵充分利用光能的一种适应性。向阳性使向日葵光合产物提高了大约9.5%。而且这种向阳性还有一定的规律。掌握这一规律,可为确定适宜机械收获的栽培垄向提供依据。

向日葵在不同的光照条件下,各发育阶段的速度亦有明显差别,从出苗到开花期间,对于强光照和短波光要求逐渐增强,在生殖器官形成时达到最大限度,其后由开花到种子成熟时期逐渐减弱。试验证明,向日葵的生长和发育不仅决定于每日光照的长短,而且决定于它们所获得的太阳光质和光量。但有一些向日葵品种对日照长短并不十分敏感。

(3)水分。向日葵是一种比较抗旱的作物,其抗旱的原因主要有3点:第一,向日葵有强大的根系,能深入土壤中吸收深层的水分;第二,向日葵叶子的致死饱差(430%)较大;第三,向日葵茎和叶上密生着白色茸毛,不但能起到覆盖作用,而且能反射强光,有利降低植株表面温度,减少水分蒸腾。但是在向日葵一生中,不同的生育期,其抗旱能力、对水分的要求不一样。从出苗到现蕾之前,是向日葵抗旱能力最强的阶段,这个阶段干旱,有利于蹲苗壮秆,促进根系发育;如水分过多,会造成徒长,不利于增产。从现蕾到开花结束这一时期,向日葵需水量最大,约占全生育期需水量的60%以上,要求土壤含水量为最大持水量的65%以上。因为这时植株生长快,茎叶繁茂,气温增高,蒸腾量大。同时,这个时期又正是花盘发育及种子形成的关键时期,如果水分不足,就会导致花盘小、结籽数量少、千粒重低,因而减产。但是如果雨水过多,阴雨连绵,也会导致授粉不良、病害蔓延，降低产量。从开花基本结束到成熟前，向日葵需水量不大，一般占全生育期需水量的20%，并需要晴朗天气。这个时期如果雨水过多，空气相对湿度大，会使病害加重，成熟延迟，给收获带来困难。向日葵虽然比较抗旱，但在关键时期缺水，还是会降低种子含油量和产量。

（4）土壤。向日葵适应性强，对土质的选择不太严格，除沼泽土、重砂质土和石灰质过多的土壤不宜种植外，一般土地均能种植，甚至在含盐量达0.3%的盐碱土上也能正常生长。但要向日葵高产，也需要土层深厚、有团粒结构和排水良好的土壤。土地肥沃，籽实产量和种仁含油量高，含氮过多的土壤种仁含油量则低；盐碱地上的向日葵种仁含油量低，而一般土壤种仁含油量则高。土壤中钠离子和碳酸根离子不利于油分的形成，增施磷肥，可以起到调解作用。

（5）养分。氮素营养对向日葵的生长发育非常重要。在整个生长期，氮大部分集中在叶部，而在生理成熟期则集中于籽实。如缺乏正常生命活动所必需的氮素，会阻碍植株的发育和引起含油量降低。在一定的限度内增加氮素，茎叶中的营养物质增多，可以增加含油量；一旦氮素超过需求量，营养物质不再增加，含油量反而明显下降。

磷肥对向日葵的生长发育和生产力有重要影响。施用磷肥可促进幼苗根系发育，使其导管粗壮，根量增多。在向日葵各早期发育阶段，高剂量的磷不仅能促进根系的发育，而且还能增强磷钾的吸收，使植株生长苗壮、叶大、花盘宽、开花多，提高单株生产力。磷肥不足，将延迟向日葵的生长和发育。在各较晚发育阶段，磷肥再多也不起作用。在干旱的情况下，增施磷肥可提高植株的抗旱能力。

向日葵喜钾，比蓖麻、亚麻和芥菜多2倍以上，如每形

49

成50公斤种子，向日葵需氧化钾9.3公斤；蓖麻需2.9公斤；亚麻需2.8公斤；芥菜需2.7公斤。不施钾肥，既降低籽实产量，又使茎秆变细，引起倒伏。

向日葵氮、磷混施及施氮、磷、钾全肥比单施氮肥增产更为明显。

向日葵对微量元素虽需要不多，但也必不可少。

施肥能促进向日葵有效利用水分。

33. 向日葵良种发生混杂退化的原因是什么？应如何防治？

向日葵良种在生产上种植几年后，常常发生混杂、退化，丧失典型性状，种性变劣，产量降低。究其原因，主要有以下几点：

（1）天然杂交。向日葵是异花授粉作物，为虫媒花，异交率高达95%以上，又是很好的蜜源植物，蜜蜂飞翔能力很强，一般可达3 000～5 000米，甚至更远；向日葵具有耐寒特性，成熟后落在地上的种子，在不适宜萌发条件的土壤中越冬，翌年温度适宜时萌发生长（即稞生向日葵）；向日葵籽实为人们所喜欢食用，因而房前屋后、零星种植极为普遍；机械混杂其他向日葵，由于去杂不及时彻底等。制种田中的向日葵亲本或品种接受外来花粉而产生天然杂交。

（2）机械混杂。机械混杂是在良种繁殖过程中，由于在播种、收获、脱粒、晾晒和贮藏等各个环节中，因疏忽或条件限制，甚至故意掺假，人为使繁育的良种或亲本混杂进其他品种或亲本的种子造成的。这种人为造成的机械混杂若在繁殖时去杂不净，就会进一步引起生物学混杂。

（3）亲本本身发生变化。一般地说，杂种亲本不育系

50

和恢复系也是自交系，是一个遗传上的纯系。实际上，经过多代连续自交和选择所育成的自交系群体，各株间在遗传性上总会有些小的差异，不可能达到绝对的纯合。当一个自交系投入生产以后，一般就不再继续自交，而是在隔离区内自由授粉繁殖。经过长期混合繁殖，亲本内株间相互授粉，这些小的差异就会逐渐积累起来，以致失去原有的典型特征。可见，在生产上长期混合自由授粉繁殖亲本对保纯不利。

由于某种物理和化学因素的刺激，引起亲本遗传性的突变，这种由于突变而引起的亲本性状的变异，会带来不利或有利的影响，在良种繁育过程中可作为一个新系的选育材料对待。

（4）长期自交。自交可使遗传基因达到纯合，性状整齐一致，但同时也会引起基因频率的变化和纯合隐性基因的暴露，产生退化现象。因此，长期连续多代自交不利。

防治混杂、退化主要有以下几点措施：①繁殖区必须安全隔离，防止天然杂交。②建立严格的种子管理制度，防止人为机械混杂。③坚持分期严格去杂。繁殖亲本时，要坚持分期多次去杂，因为有的杂苗要到向日葵生长后期才能明显表现出来。一般至少在苗期、开花前期和收获期进行三次去杂。④实行自交与姊妹交隔年交替繁殖，做好选种留种工作。⑤用不育系、保持系和恢复系原种定期更换繁殖区的普通种子。繁育出纯度和质量高的"三系"原种，每间隔2～3年更换繁殖区使用的种子，是生产上长期保持"三系"种子纯度的一项重要措施。

34. 如何安排向日葵的茬口？为什么要实行向日葵的轮作制度？

向日葵根系发达，吸肥能力很强，连作会消耗大量养分，造成土壤营养失调，而且病害严重，植株矮小，形成早衰，花盘小，籽粒瘪，遭致减产。所以要实行轮作。

向日葵适应性强，对前茬要求不严格。但作为向日葵的前茬作物，有些非中耕作物好于中耕作物，豆科作物好于谷类作物，其主要原因在于，有些非中耕作物收获后，有大量的残茬、残肥留在土壤中。豆科作物有根瘤菌，可以固定空气中的游离氮素，除供给当年作物利用外，还有一部分残留于土壤中，故是向日葵的优良前茬。但是，在向日葵患菌核病严重的地区，向日葵不能与菜豆接连栽培，因为菜豆也易感染菌核病。在尚未选育出完全抗列当寄生品种的列当危害地区，6 年以内不宜再种植向日葵（6 年后土壤中列当种子才丧失生活力）。

春播向日葵是禾谷类作物的良好前作。有些地区反映向日葵拔地力，属于冷茬，主要原因是种植向日葵施肥少甚至不施肥，后作施肥也很少，造成地力亏损。解决的办法是：增施粪肥，特别是钾肥，提早深耕，防旱保墒，种植绿肥，以恢复地力。

我国在长期农业生产实践中，逐步建立了一些行之有效的轮作制度。在一般盐碱地是向日葵→大豆或粟谷→玉米或高粱→向日葵；在新垦盐碱地是黑豆或粟谷→向日葵→粟谷→玉米或高粱→向日葵；夏播向日葵地区一般是第一年冬小麦（油菜）→向日葵，第二年玉米，第三年油菜（冬小麦）→玉米，第四年冬小麦→向日葵。有的地方采用粮食作物→油用向日葵→绿肥 3 年轮作方式进行种植。但是，在病害较严重的地区，要延长轮作周期，一般应不少于 4 年。

35. 向日葵高产田要求什么样的土壤条件？如何进行土壤的耕整工作？

生产实践表明，向日葵不仅能够很好地生长在排水良好的土壤，而且也能够成功地栽培于经过适当改造保水性好的重粘质土壤。砂土地由于保水性能差，所以一般不宜种植。但是如果有良好的灌溉条件，种植向日葵同样可以获得高产。向日葵在酸碱度为5.7~8.0之间的土壤均能适应，但最佳的土壤酸碱度为6.0~7.2。过去我国北方很多地方把向日葵种植在盐碱地、风砂地和旱薄地，这主要是因为它具有很强的抗逆性。

向日葵对土壤虽然要求不严，但种植在土层深厚，腐殖质含量高、结构良好、保水保肥性能好的黑钙土、黑土以及肥沃的冲积土、砂壤土和深耕精细整地的田块则产量高，增产潜力大。试验表明，播前深耕的油用向日葵主侧根均较未深耕的田块长5~10厘米，而且表现苗期耐旱，生长快、长势强，耕层内蛴螬、蝼蛄等害虫数量也比未耕的少50%~70%，杂草也大大减少。可见播前深耕是获得向日葵高产的一项重要措施。

36. 向日葵播种前要做哪些准备工作？

向日葵播种前主要做好以下准备工作：

（1）精选良种。种大芽粗，好种出好苗。

（2）发芽试验。发芽率高的种子在相同栽培条件下，增产较为显著。

（3）种子处理。必须抓好播前晒种、浸种催芽、碱水浸种等环节。播前晒种2~3天，能加强种子内酶的活动，提高发芽势和发芽率，播种后发芽快，出苗齐。向日葵的外皮（果皮）很厚，种子含油量较多，发芽时需要一段时间进行吸水膨胀。特别是盐碱地，如果单靠土壤水分和温度，往往发芽迟，出土晚，延迟生长。因此，在一些盐碱地区，实行浸种催芽，就更为必要。用碱水浸种，目的在于从种子萌动起，就接受盐碱，增强抗盐碱能力。

37. 怎样做到适期播种？

播种期是影响向日葵产量和品质的主要因素之一。最佳播期决定于当地无霜期的长短、品种的生育期或所需的有效积温、土壤温度、土壤墒情及当地常年雨量分布情况等。一般油用向日葵多属于早熟或早中熟，需要有效积温1 700℃以上（6℃以上温度累加为向日葵的有效积温）。然而，由于向日葵对短时间的早霜和晚霜均有一定的忍耐力，幼苗可忍受 −7℃短时低温，因此实际播种时间伸缩性很大。但是，在一般情况下，春播向日葵在适期范围内早播比晚播好，这是因为早播气温偏低，有利于蹲苗，促使根系下扎，增强抗旱能力。高温多湿季节来临之前，已灌浆充实或接近成熟，受病害较轻。如果在山区旱地播种就不能过于偏早，而是应适当推迟，这是因为播种太早，长期处在干旱少雨季节，生长发育受到抑制，雨季来临的时候，它已通过需水关键期，不能充分利用天然降雨。适当迟播，出苗快，苗全苗壮，现蕾至开花期正好处在雨热同季的最好季节，从而有效地促进产量的提高。

夏播向日葵的播种期也很重要，适期播种产量高，过早过晚产量显著降低。因各地无霜期长短不一，每年的气候条件不同，油用品种的夏播期也有很大的出入。原则上只要花期躲过高温季节，适期内早播病害轻、产量高、品质好。

确定播种期还要考虑生理成熟前15天昼夜温差的影响。因为生理成熟前15天，油分快速形成时期还没有通过，对气温变化很敏感，如果24小时内温度高低相差50%以上，则产量和含油量都将大大降低。所以应争取早播，免受深秋气温高低变化剧烈的影响。春播地区一般以4月上旬为宜，高寒地带可延迟到5月上旬。华北地区可将播期提前到3月下旬；夏播地区，以6月下旬至7月上旬为宜。

38. 向日葵播种的方法有几种？

目前向日葵播种方法主要有两种：一是平播，二是垄播。两者都属于垄作栽培，其差别只是播时种上垄还是种下垄的问题。实践证明，机械平播产量不低于垄播，春旱地区平播明显增产，其原因在于平播有利于防旱保墒，一次播种出全苗。平播可以减少机械作业次数，降低成本。从系列化作业来看，平播更优于垄播。因此，绝大多数地区都可以大力推广机械平播后起垄的措施。

向日葵最好东西向播种，因为收获时，其花盘的方向绝大多数都向东倾斜，有利于机械收获。

正确掌握播种深度，对实现全苗、齐苗关系很大。播种深度应根据土壤质地、墒情来确定。粘地、盐碱地，播种深度以3~4厘米为宜，在干旱地区砂性过大的土壤，播种可以深达6~7厘米。

39. 在向日葵生产过程中如何做到科学施肥？

科学施肥，经济用肥，是增加向日葵产量，降低生产成本，提高效益的重要措施之一。

向日葵是一种需肥较多的作物。据测定，每生产50公斤葵花籽需要从土壤中吸收纯氮2.3~3公斤，五氧化二磷1.3~1.5公斤，氧化钾9.3~15公斤。

向日葵在不同的生育期，吸收氮、磷、钾的速度和数量都有显著的差别。幼苗期植株小，吸收营养物质少，但必须满足其生长需要，才能保证壮苗。向日葵的花盘形成至开花期，吸收营养物质约占全部营养物质的3/4。开花后至成熟期间吸收营养物质占全部营养物质的1/4左右。一般出苗至花盘形成期间需要磷素较多，花盘形成至开花末期需要氮素最多，而花盘形成至蜡熟期吸收钾素最多。前苏联试验结果表明：在播前每亩同时一次施入氮、磷、钾全肥各16.5公斤，向日葵种仁含油量为46.7%~47.8%；如果把1/3的氮素在播种前施入，把其余2/3氮肥作追肥使用，则种仁含油量增加到52.8%~55.4%，同时种子产量也提高了。因此，向日葵施肥应注意施全肥，前期以磷肥为主，中后期需肥增多，以氮、钾为主。正确的施肥技术，除根据向日葵吸收营养物质的特点、土壤性质、降水情况等有关因素外，还必须考虑施肥数量、肥料种类及质量等条件，确定适宜的施肥数量、施肥次数和时期，以充分发挥肥料的增产作用。

40. 为什么要施足底肥？

底肥的作用，在于使向日葵出苗后，就能从土壤中吸收较为充足的养料，同时在各个生育阶段也能随时供给一定养分。

用作底肥的肥料多以家畜粪、禽粪、人粪尿、堆肥、绿肥和土杂肥等有机肥料为主。向日葵植株高大，需要养分要比一般作物多。因此，肥料多少就会直接影响它的生长、发育和产量形成，而且与油分的形成也有密切的关系。实践证明，向日葵越是种在薄地上，施肥的效果越明显。人们在生产中往往将向日葵种在薄地上，因此，施足底肥和合理施肥显得更为重要。根据油用向日葵生育期短，前期生长迅速，需肥量大的特点，底肥应占总需肥量的60%左右，可结合深翻整地在亩施优质农家肥3 000~5 000公斤的基础上，每亩再施碳铵20~30公斤、磷肥15~20公斤，其施用方法主要有撒施和条施两种。

农家肥数量少的地方，可以在施足种肥的基础上，采取分段隔年轮施底肥的方法，逐年培肥地力，或结合大垄栽培套种绿肥作物。风沙地区可实行向日葵与绿肥轮作，以培肥地力，提高向日葵产量。

41. 为什么要重施种肥？

在播种时，把肥料施在种子附近或随种子同时施下，叫做种肥。种肥可供给苗期生长所需养分，对苗期的生长发育有良好作用。施底肥较少的夏播向日葵，施用种肥还可弥补底肥的不足。

向日葵苗期需磷肥较多，在播种时，以磷肥作种肥，每亩施用含磷量19.5%过磷酸钙30~40公斤，增产效果显著。磷肥质量不同，增产效果也不一样。磷肥集中条施或穴施，既能减少与土壤接触，减轻固定作用，又能靠近向日葵根系，借根部分泌的有机酸作用，提高利用率。向日葵生育后期需要大量钾肥，在播种时用钾肥作种肥，每亩施用硫酸钾30公斤，增产效果明显。播种时，适量施用氮肥作种肥，每亩施用碳铵20公斤，其增产效果也较明显。如果实行磷（每亩过磷酸钙 40 公斤）、钾肥（每亩硫酸钾 15 公斤）配合或氮（每亩碳酸氢铵 30 公斤）、磷肥（每亩过磷酸钙 40 公斤）配合，其增产效果尤为突出。建议施用复合肥作种肥。

42. 为什么要适期追肥？

向日葵是一种需肥较多的作物，单靠底肥和种肥，不能充分满足现蕾开花和生育后期的需要。特别是夏播向日葵，在底肥不足或不施底肥的情况下，追肥更为重要。

追肥应以速效性氮肥为主。以深施为佳，据试验，硝铵、尿素等氮素化肥，浅追覆土 3 厘米的吸收利用率一般只有 30%～40%，肥力维持 15～20 天；而深施覆土 10 厘米的吸收利用率可达 80% 左右，肥力可维持 35～40 天。可在现蕾期每亩深施碳酸氢铵 35～40 公斤作追肥，增产效果明显。但是，氮肥过多施用时期不当，且采用地表撒施，则茎叶徒长、贪青晚熟，病害较重，千粒重低。定苗以后，或在形成花盘以前，追施磷肥（过磷酸钙 20 公斤）、钾肥（硫酸钾 15 公斤）增产效果也较明显。

油用向日葵对土壤缺硼临界值为 0.5 毫克/公斤，施硼增产 10% 左右，硼肥还对增加千粒重和提高脂肪、粗蛋白含量有极大作用，缺硼地区应注意施硼。

43. 为什么要实行合理密植？

向日葵植株高大，根深叶茂，生长迅速，实行合理密植是保证增产的中心环节。合理密植实际上就是根据具体条件，正确处理好个体与群体的关系，既保证单株正常发育，提高单株产量，又保持较多的株数，从而达到提高总产的目的。目前世界各国在栽培密度问题上，是向小株密植的方向发展，不过分强调单株产量，而是依靠群体增产，其理论依据主要有以下3条：①充分利用光能，提高单位面积产量；②把氮素消耗于形成茎叶，提高种子含油率；③减少空壳率，降低皮壳率。种植密度越稀，花盘直径越大，空壳瘪粒越多，皮壳率也随之增加，而适当缩小单株营养面积，实行小株合理密植，结头小、头数多、籽粒饱满、皮壳少。

向日葵合理密植，与品种、土壤、气候、施肥、灌水等栽培条件和环境条件密切相关，加之向日葵既可零星种植，又可以清种或与小麦、豆类、瓜类等低秆作物间作套种，所以很难有一个统一密度标准。但也有一定规律可循，肥力均匀的好地宜稀，每亩2 500株；山坡地宜密，每亩2 800株；高秆品种（株高大于200厘米）宜稀，每亩1 800～2 000株，矮秆品种（株高小于120厘米）宜密，每亩4 000～5 000株；次高秆品种（株高120～200厘米）密度为每亩2 700～3 000株。

褐斑病严重的地区，密度应适当稀一些，而感病轻的地方，密度适当加大一些。

在我国北方有些地区，很早以前就有大垄栽培的习惯。大垄和小垄主要是行株距的变更，只要单位面积株数不减少，大垄栽培会获得明显的增产效果，其主要好处是：①便于田间机械化作业，加快播种进度，缩短播种期；②改善了田间小气候，有利于向日葵的生长发育；③大垄栽培根系发达，抗旱、抗涝、抗倒伏。向日葵大垄栽培，一般以行距60～70厘米，每亩保苗2 500～3 000株为宜。在土层瘠薄及风沙地区，可以因地制宜扩大行距，缩小株距，发挥大垄栽培的增产潜力。

在向日葵的种植方式上要间、套、复种灵活多样，以充分利用光能和地力。

44. 向日葵的田间管理应注意哪些重要环节？

同其他作物相比，向日葵田间管理比较粗放，但不等于放任不管。田间管理好坏与产量、品质直接相关。

（1）查苗补苗。向日葵出苗后，应及时检查苗情，对缺苗断行的地块要及时补栽。向日葵由于苗期根系发育较快，其移栽的成活率在90%以上。移栽方法主要有两种：一种是用筒式移苗器，作业进度快，成活率较高；另一种是坐水移栽。无论采用哪种移栽方法，都应宜早宜小，要在一对真叶展开时进行，因为这时幼苗只有一条主根和少量须根，便于移栽，否则苗越大，伤根缓苗耽误生长越严重。如必须补种，则应用温水催芽，以免影响植株整齐度。

（2）间苗定苗。据观察，向日葵幼苗长出10片真叶时花盘原基即开始形成，随后花盘上的小花开始分化，小花数随之确定。环境适宜发育良好时，一个花盘可以分化出1 200～1 500朵小花，小花多结实多。如果间苗定苗工作迟了，幼苗拥挤生长不旺不壮，花盘原基发育不良，分化的小花数大大减少，往后即使追肥灌水，小花数也难以增多。

（3）合理灌溉。向日葵是一种需水较多的作物，每生产1公斤干物质，需要469～569公斤水。合理灌溉是夺取向日葵高产稳产的关键措施之一。灌溉时期，应根据向日葵的需水规律和气候条件科学灌水。苗期不宜灌水，以促进根系下扎，增强抗旱能力。在现蕾开花和灌浆期，如旱情特别严重应适当灌水（具体指标是叶片中午萎蔫而晚上仍不能正常恢复时）。根据国外资料，向日葵从出苗到现蕾55天需水量仅占一生需水总量的 19%，而现蕾到开花 17 天，需水量就占一生需水总量的 43%，这一阶段是向日葵生长旺盛的阶段，对水十分敏感，这时如果水分供应不足就可能影响生长而造成严重减产，所以必须灌水。在灌浆期叶子里的养分向种子里输送是靠水分的参与来完成。这时如果干旱就可能造成花盘瘦小，空瘪粒增加以致严重减产，同样必须注意适当灌水。灌溉方法目前主要有沟灌、喷灌、滴灌 3 种。

（4）防治杂草。向日葵苗期生长较慢，地面裸露时间长，杂草容易滋生，土壤水分蒸发快，旱象容易发生，所以必须及时进行杂草防治。一些国家提倡免耕法或少耕法，把向日葵的中耕已减少到最低限度。经分析表明，中耕对向日葵的产量未见明显的效果，反而对植株有所损伤，为病菌的侵害创造了条件，尤其是在干旱地区的沙土地上，中耕干扰了植株的生长发育。因此，施用化学除草剂，是减少用工、消灭杂草的有效措施。目前用于向日葵播前灭草和苗前灭草的除草剂有苯胺灵、燕麦敌、菌达灭、氟乐灵等。用量及使用方法请参照说明书。

（5）及时打杈。随着植株生长和花盘形成，有些向日葵品种常从茎秆的中上部叶腋里生出许多分枝，这些小分枝虽然也能形成花盘，但由于营养分散而不足，花盘长不大，籽粒不成熟，空壳较多，主茎花盘也因分枝多而不能很好发育。实践证明，及时打杈，可以避免养分消耗，保证主茎花盘籽粒饱满。打杈要及时，要用快刀，注意避免伤及茎皮。

向日葵叶子是制造养分的主要器官，饱满种子数同叶面积和总产量之间存在相关性。因此，向日葵一般不要打叶，只有当授粉过程已结束，生长过于繁茂，锈病或叶斑病发生蔓延的情况下，适当打掉下部的老黄叶、感病叶，以改善通风透光条件，对增产才是有利的。

（6）做好人工辅助授粉和放蜂工作，提高结实率。

向日葵是典型的异株异花授粉作物，又是虫媒授粉作物，完全依靠昆虫辅助来完成花粉传送，一般自花授粉率极低，空壳现象比较普遍，约占30%左右，多的达50%以上，甚至整个花盘都是瘪粒。根据研究，向日葵形成空壳瘪粒的原因主要是管状花本身雌雄蕊成熟不一致、生理不亲和性和外界环境条件没有达到要求所引起的。针对空壳原因，除了选用良种、轮作倒茬、合理密植、科学施肥、适时灌溉和防治病害外，还应采取以下几项措施提高向日葵的结实率。①发展养蜂业：利用蜜蜂授粉，是减少向日葵空壳率，提高产量的经济有效措施。一般可提高产量34%～46%，而且还可收获蜂蜜等副产品，提高向日葵种植的综合经济效益。实践证明，每3～5亩地放养一箱蜂可显著提高向日葵产量。②实行人工辅助授粉：随着化学农药的普遍使用，田间的昆虫活动大为减少，在养蜂业尚未大量发展起来的情况下，有必要实行人工辅助授粉，可使空壳率降低50%，产量增加48.17%。没有授粉的柱头在开花后10天仍有受精能力，花粉受精能力最强的时期是在最初2～3天内，所以人工辅助授粉时期，应在向日葵进入开花期（整个田块有70%的植株开花后）后2～3天内进行第一次授粉，以后每隔3～4天一次，共授粉2～3次。授粉时间过早露水未干，花粉粘结成块，影响授粉效果，中午天气炎热，花粉生活力弱，效果也不好。应在上午露水干了以后进行授粉，到午前11时前结束。授粉方法，以软扑授粉法最佳。③适时夏播、提高自花授粉的结实率：向日葵自花授粉结实率与开花时的温度有密切关系，在气温不高于20℃时，也可以自花授粉结实。

在一些向日葵二季栽培地区，可以通过播期试验，准确找出既能提高自花授粉结实率，又能保证生育期积温要求的高产播期，并在生产上推广利用。

45. 我国向日葵主要病害有哪些？如何防治？

向日葵病害种类很多，危害较重。目前国内外栽培向日葵主要病害有褐斑病、黑斑病、菌核病、锈病、黄萎病、灰腐烂病、露菌病和浅灰腐烂病等，以下是我国常发生的几种病害。

（1）向日葵褐斑病。又名斑枯病，是一种发生面广，危害严重的病害。发病症状从苗期到开花期植株叶片上均可见到病斑，苗期叶片上出现黄褐色小圆斑，成株叶片上病斑扩大，连接成片，正面褐色，背面灰白色，最大病斑可达15～20毫米，呈正圆形或不规则多角形，周围有黄色晕圈。发病严重时病斑相连，整个叶片枯死。其防治方法有以下几点：第一，选育抗病品种；第二，及时处理病残体和自生苗；第三，调整播期，减轻危害；第四，选地倒茬；第五，合理密植、科学施肥；第六，药剂防治，可用托布津1 000倍液、石灰等量波尔多液（硫酸铜、石灰、水的配比为1∶1∶200）、65%代森锌500～700倍液等进行防治。

（2）向日葵黑斑病。又名叶疫病，发生面较广，危害也很重。此病主要发生于向日葵叶片、茎秆和花托上。发生于叶片上的病斑呈圆形，直径5～20毫米，暗褐色，并微具同心轮纹，上面有淡黑色的霉状物即病原菌的子实体。茎秆上的病斑呈梭形，较大，暗褐色，往往互相连接。花托上的病斑也呈圆形，稍凹陷，直径5～15毫米。此病同叶枯病很相

63

似，其惟一区别是叶枯病的病斑中央呈灰白色。当黑斑病发生严重时，将导致叶片枯死。其防治方法同向日葵褐斑病。

（3）向日葵菌核病。又名白腐病，是向日葵主要病害之一。一般花盘发病主要是由该菌的子囊孢子侵染引起的，花盘背面出现水浸状褐色病斑，若条件适宜，病斑迅速扩大，花盘腐烂。如果在土壤中菌核发芽产生菌丝，可侵染向日葵根，造成立枯状枯死。子囊孢子在茎上发芽侵染引起茎腐。防治向日葵菌核病应以预防为主，从各方面设法不让病原菌进入土壤，故应抓好以下几点：第一，消除病残体；第二，实行轮作倒茬；第三，选育抗、耐品种；第四，用氰氨化钙防治。

（4）向日葵锈病。该病发生较为普遍，是吉林、黑龙江等向日葵产区的主要病害之一，最严重发生时减产可达90%以上。发病初期叶片两面发生褐色斑点，以后多于叶背面长出枯黄色疱状斑，后期变为黑褐色，中下部叶片发病较重。其防治方法应采取以选用抗锈病品种为主，药剂防治和栽培措施为辅的综合措施。

（5）向日葵霜霉病。此病是一种危险性和毁灭性的病害，在有利的气候条件下，它能使田间70%～80%的植株枯死，并严重降低种子发芽率和含油量。病菌可侵染植株的根、茎、叶、花、果。病害在田间从幼苗到成株都有症状表现，可引起幼苗猝倒，植株矮化，茎细弱变脆，叶片畸形皱缩或变黄，有的产生局部褪绿斑，不形成花盘或形成小花盘，多不能开花。其防治措施如下：第一，选用抗病品种；第二，制定合理的轮作制度；第三，拔除病株和消灭自生苗；第四，药剂防治。

此外，向日葵白粉病、同心黑斑病、黑白轮枝萎蔫病、立枯病、单囊白粉菌病、炭腐病、恶苗病、根腐病等发生也较普遍，应引起重视。

46. 列当对向日葵有何危害？怎样防治？

向日葵列当是危害向日葵的主要寄生植物，其危害的轻重视列当发生的时期和数量而定。向日葵早期受害，植株矮小，花盘不能形成，久之干枯死亡；后期被害时，虽然能形成花盘和种子，但籽实空瘪不饱满。列当的主要防治方法如下：第一，加强植物检疫。向日葵列当只能通过种子传播，要消灭它的危害，必须加强植物检疫工作；第二，选育抗列当的向日葵品种；第三，实行合理的轮作制度。在受列当危害的地区，栽培向日葵的间隔期限不要少于6~8年；第四，生物防治。利用列当蝇或镰刀菌消灭列当；第五，清除杂草，尤其要彻底消除能寄生列当的菊科植物；第六，喷洒2,4-D。一般可用0.2%的2,4-D水液喷在列当植株和土壤表面。必须在列当大量出土，向日葵花盘直径大于10厘米时进行喷施，此外同大豆间作的地块不能喷洒2,4-D，因大豆易受害死亡；第七，诱发列当萌芽。在列当危害严重的地区，通过提前播种的办法，把大量幼嫩的向日葵植株捣碎后施入土壤内，诱发列当萌芽，这样在一个月内便可把土壤里的列当全部除尽。

47. 向日葵主要虫害有哪些？如何防治？

危害向日葵的害虫种类较多，按其危害类型可分为地下害虫，如蝼蛄、金针虫、地老虎等；苗期害虫，如金龟子、象甲等；葵盘籽实害虫，如向日葵螟、棉铃虫等。由于地域和气候条件不同，其发生种类和危害程度也不同。一般苗期害虫发生较为普遍，危害也较严重，故应把重点放在保苗这一关上。各地可根据不同情况采取不同的防治措施。如普遍发生的小地老虎可采取以下防治措施：①除草灭虫；②诱杀成虫；③药剂防治。可用5%的甲拌磷每亩2公斤、2.5%敌百虫粉每亩2公斤、90%敌百虫100倍液等药剂防治；④毒饵诱杀。可用90%敌百虫100克，加水0.5升，拌和切碎的鲜草30~40公斤制成毒饵，傍晚撒在苗株附近；⑤人工捕捉。对一般地区苗期危害严重的小金龟子可以采取以下办法进行防治：①药剂拌种。采用灵丹粉拌种，药剂为种子重量的1%；②喷药。可喷洒速灭丁乳剂、敌百虫乳油、灭扫利乳油、乐果、40%甲基辛硫磷乳油等多种杀虫剂；③撒施毒土。用呋喃丹、甲基硫环磷或其他剧毒药剂，加细湿土混拌均匀，制成毒土，每亩撒1~2公斤；④消灭虫源。在杂草多的地方撒药，以减少虫源；⑤人工捕杀。

此外，在有些地区向日葵鸟类危害也很严重，应采取相应的措施加以防治。

48. 如何确定向日葵的适时收获期？

适时收获，是保证向日葵籽实产量、质量和丰产丰收的重要环节。收早了，种子成熟度不够，不饱满，千粒重低，皮壳率高，水分大，产量和含油量都低；收迟了，落粒多，鼠、鸟害严重，遇雨花盘籽粒发霉腐烂，损失大。究竟什么时间收获最为适宜，这要根据种子油分积累进程和水分变化情况而定。向日葵一般在开花后15~23天油分积累最快，每日平均增加含油量1.6%~1.8%，开花后30天油分含量达到或接近高峰，此后营养物质进入种子的量极微或停止，油分增长量趋于低微。各单株间开花先后相差5天左右，群体开花 30 ~ 40 天以后，种子内油分含量达到最高峰（即"油熟期"）。这时茎、叶、花盘仍为绿色，种子含油量约为40%。若此时收获，则因含水量高、脱粒和晾晒困难，种子易发生霉变腐烂。从植株的外部形态、色泽的变化可以看出种子的成熟程度。当花盘背面变黄，花盘边缘微绿，舌状花瓣凋萎或干枯，苞叶黄老，茎秆黄老，叶片黄绿或黄枯下垂，种皮（果皮）形成该品种特有色泽，掐开或咬开种子看到种仁没有过多水分，这时就是最佳收获时期。

我国向日葵收获多用人工割盘，收回后可用脱粒机脱粒，或收获后葵盘向上及时晾晒，稍干后用棍棒轻轻敲击葵盘背面即可脱粒。机械收获是一种速度快、损失少、效率高的办法。

49. 如何贮藏向日葵种子？

向日葵种子贮藏，种子含水量是主要的，其次是温度。种子的安全贮藏水分最好为 8% ~ 9%，不应超过 13%。近年来超干燥贮藏种子的科研发展很快，值得重视和推广应用。

含水量在 12% 左右的现代向日葵高油品种，在室温 20℃ 条件下贮藏，当年 11 月至翌年 1 月发芽率达一级，在 4℃ 条件下贮藏，到翌年 3 月初发芽率为 92%，而在更低温度下贮藏，其种子休眠期延长，发芽率有所下降，所以应尽量避免在过低温度下贮藏向日葵种子。

向日葵种子的贮藏年限，在夏季最高气温 20 ~ 25℃，冬季最低气温 3 ~ 7℃ 的自然条件下，1 ~ 3 年内的发芽率可达 95% 左右，第 4 年降到 85% 左右，而到第 5 年以后则显著降低，最低只有 9% 甚至丧失发芽力。

第三部分　红　　花

50. 红花籽油有何经济和医疗价值?

红花是世界上分布广泛，种植历史悠久的古老作物之一。埃及、印度、中国、前苏联、阿拉伯等国家曾将红花作为颜料植物。如今它已成为一种优质食用油源植物，在旱薄地区日益扩种开来。联合国粮农组织从 1973 年起，正式将红花作为油料作物，列入《生产年鉴》的统计项目之内。目前世界红花常年栽培面积在 2 500 万~3 000 万亩。

红花籽因品种和产地不同，含油量在 13%~35% 之间，高的可达 45%。液态红花油的成分是以 C_{18} 为主的脂肪酸甘油酯，其脂肪酸由饱和脂肪酸和不饱和脂肪酸组成，两者的比率约为 1:9，即不饱和脂肪酸占 90%，其中又以亚油酸含量最高，占整个脂肪酸的 60%~80%。

红花油含少量的非皂化物（精制红花油中含量为 0.35%~0.58%，高的可达 0.90%~1.12%），但种类较多，主要包括甾醇（固醇）、维生素 E（生育酚）、磷脂、植物蜡、胶物质、色素等。存在于非皂化物里的固醇类和维生素类是微量的，而且因品种和测定条件不同，结果不同。

（1）食用。红花油质清亮橙黄，食用可口。红花色拉油色淡，味清，生拌或煎炒食物俱佳。将红花油分别与米糠油、玉米胚油、棉籽油、大豆油等按一定比例调和，同时添加一些有益健康的营养成分，可制成多种红花调和油。在美国、法国、以色列、土耳其、澳大利亚等国，红花油广泛用作食用油，用来制造人造奶油、蛋黄酱和色拉油等。

（2）医药用。红花油以及由它制备的亚油酸乙酯具有重要的医疗价值。红花油中亚油酸是人体必需的脂肪酸，可以防治动脉粥样硬化、原发性脂肪酸缺乏症、老年性肥胖等症。它可降低血清胆固醇，防治机体代谢功能紊乱产生皮肤病变、生殖机能障碍和器官病变，改善其他因素对机体发育不利的影响。亚油酸可以维持细胞膜柔软，增强弹性和活性，还可协调与肝癌防治有关的新陈代谢。一些研究结果指出，孕妇缺乏亚油酸易患胆汁病，胎儿脑髓生长减慢，造成智能低下。市场上有不少治疗高血压、中风、心肌梗塞、心绞痛、心力衰竭等症的药物（可用于脂肝、肝硬化、肝功能障碍的辅助治疗），其药丸的主要成分就是亚油酸。此外，亚油酸还可用于动物乳腺癌的医学研究。

（3）畜牧业和农业上的应用。用红花籽油作为家畜补充饲料可以提高牛奶中的亚油酸含量（即所谓天然功能性牛奶）和改良猪肉品质。用红花油作抗冻剂，可减轻果实储藏中的冻害。此外，红花油还可用作种子贮存的抗虫剂。

（4）工业上应用。由于红花油富含不饱和脂肪酸，其碘价高（150），是较高级的干性油类。工业上广泛用来制造涂料、肥皂、印刷油等。用红花籽油制成的醇酸树脂涂料与亚麻籽油制成的涂料性能同样优良。新近醇酸树脂被认为是无公害物质后，其用于水溶性涂料和尿烷类涂料日趋增多。此外，红花油还能制成增强感光材料柔和性的油剂等。

51. 红花对发展畜牧业有何意义？

红花饼粕是榨油后的副产品，粗蛋白含量为20%左右，可用作动物饲料。也可从中分离提取蛋白质作饲料和食品添加剂。美国有两种商业生产的饼粕分馏物：高纤维（45%）和低纤维（17%）分馏物，分别含20%和40%的粗蛋白。

脱粒后的红花秸秆，经粉碎后可直接饲喂牲畜，分析红花茎、叶的主要成分（表10）表明，其可消化的营养总数超过苜蓿干草，所以红花秸秆是良好饲料的来源。

表10　红花干草、种子副产品及其他饲料成分比较

项　目	红　花				苜蓿干草（好的）
	干草	带壳饼粕	去壳饼粕	壳	
水　分	9.0	8.0	8.0	8.7	9.5
乙醚提取物（油）	2.2	6.0	7.6	4.7	1.8
粗蛋白	11.2	19.0	36.0	3.8	14.6
粗纤维	28.6	33.0	17.5	53.1	29.6
灰　分	7.8	4.0	7.4	1.4	8.0
无氮提取物	41.2	30.0	23.5	28.3	36.5
可消化蛋白总数	7.9	15.2	32.0		10.2
可消化营养总数	59.8	50.4	66.0		50.3

红花幼苗可食用，鲜嫩可口，印度、中国和缅甸都有将幼苗当作蔬菜食用的习惯。有的国家还将红花种子作为鹦鹉和家禽的主要食料，我国云南少数民族地区就有用红花籽喂鸡的习惯，据称可以提高鸡的产蛋量。

52. 红花的花有何经济和药用价值？

红花整花及其不同组成部分各有其多种用途。

（1）红花花丝。红花花丝中主要含有红花黄色素及红花红色素。在我国，红花花丝是传统的中药材，有活血化瘀，通经止痛之功效。其中起作用的主要成分是红花黄色素，主治闭经、难产、死胎、瘀血作痛、痛肿、跌打损伤等症。在国外，原来栽培红花主要用作染料。20 世纪 70 年代以来，对于红花色素的研究主要活跃于日本，迄今为止，先后共发表了关于红花色素的提取及应用专利近 20 件。据专利文献报道，红花中红色素含量很低，最高得率为 0.58%，主要用于口红、胭脂一类高档化妆品种。如作为食用色素则价格太贵。而红花黄色素含量较高，介于 20% ~ 30% 之间。日本厚生省下属研究机构对红花黄色素作了毒性、染色体异常诱发性致癌等安全、卫生检验，未发现有害反应。所以其作为天然食用色素广泛用于酒类、饮料、糖果、糕点、肉类、乳类等制品的着色，颇具竞争力，其优点在于：①它来自植物组织，对人体的安全性较高；②具有一定的药理作用，有活血、化瘀、治疗冠心病、脑血栓的功能；③能更好地模仿天然颜色，着色的色调比较自然。

（2）红花花粉。红花花粉营养价值高，含多种微量元素，可制成红花花粉口服液，作为营养补品。此外，红花干花可直接用来配制饮料——红花茶，营养保健价值高。

（3）红花色泽艳丽多彩，植于庭院宅旁，可供观赏。

53. 发展红花生产的前景如何？

在分类学上，红花属菊科，红花属，为一年生或越年生草本植物。在世界各地广为栽培，世界常年种植面积在 2 500 万 ~ 3 000万亩之间。红花在中国已有2 000多年的种植历史。但直至 20 世纪 70 年代中后期人们才开始将红花作为食用油源加以开发利用。红花耐瘠薄、耐盐碱，抗旱性和抗寒性强，是干旱瘠薄地区的优势作物。其经济价值、医疗保健价值高，是一种集药材、油料、染料和饲料为一体的特种经济作物，红花籽油中亚油酸的含量达80%左右，居食用油源之冠，是极佳的"食疗保健油"。迄今，我国旱薄地区红花栽培技术渐趋充实和完善，其产后加工技术如红花籽制油、籽油制亚油酸及亚油酸乙酯、从花丝中提取食用及化妆品用色素等已形成综合配套技术，红花的综合开发利用前景非常广阔。

54. 我国红花主要有哪些优良品种？

（1）油用红花品种

①吉拉（Gila）。有刺型，系中国农业科学院国外引种室1974年从墨西哥引进。株高65～90厘米，初花黄，授粉后橘红，种子白色，种子百粒重3.6～3.9克，种子含油量33.4%，油中亚油酸含量为79.38%。

②夫里奥（Frio）。有刺型，株高79厘米左右，花黄色，少为橘色，种子灰白，中间有纵向条纹，百粒重4.5～5.0克，种子含油量37.15%。生长前期较吉拉品种耐寒。

③1-77-1。无刺型，株高88厘米左右，花橘红，种子白色，百粒重3～3.6克，种子含油量30.97%，亚油酸含量为74.92%。

④S-400。有刺型，株高50厘米左右，花黄，种壳有浅条纹，百粒重4.5克，种子含油量45.22%，经试种表明适应性较强，已开始在新疆等地扩种。

⑤李德（Leed）。少刺型，株高62.7厘米，花橘红，百粒重3～3.8克，种子含油量35.79%。抗寒性低于夫里奥。

⑥犹他（Vte）。有刺型，株高71厘米，花色橘红，百粒重4.3克，种子含油量36.61%，对锈病有一定抵抗力。

⑦ UC-1。有刺型，株高110厘米左右，花色黄，百粒重4.5克，种子含油量37.97%。

⑧油酸李德（Oleic Leed）。有刺型，株高85厘米左右，花橘红，种子倒卵形，百粒重4.2克，种子含油量44.43%。

⑨ 14-5。有刺型，株高70厘米以上，花黄色，百粒重4.2克，种子含油量41.02%，适应范围较广，但偏晚熟。

⑩ B-54。有刺型，株高96厘米左右，初花黄色，后转变为橙色，百粒重3.95克，种子含油量41.15%。

⑪ AC-1。有刺型，株高100厘米左右，初花黄色，后转呈橘红色。种子具条纹外壳，百粒重3.1～3.6克，种子含油量42.05%，亚油酸含量82.17%。该品种属中秆矮型，多分枝，耐旱性强，适应范围广，目前已在新疆、甘肃、辽宁、云南、河南等省（区）广泛种植。

（2）油花兼用品种

主要特点：无刺，产花量高，花色鲜艳，多为我国地方品种。

①延津大红袍。为河南省延津县马庄乡农技站1978年从地方品种延津红花中系选而成。具有分枝多、花球大、花色艳丽（橙红）、抗逆性较强、适应性较广等特点。属中熟品种，秋冬播种生育期210～240天，早春播种生育期130天左右。株高106厘米左右，无刺，百粒重4.8～5.2克，种子含油量25.1%，亚油酸含量76.5%。

②张掖无刺。甘肃张掖地方品种，株高120～130厘米，全生育期131天，属中晚熟品种。全株无刺，百粒重3.14克，种子含油量26.63%，亚油酸含量84.7%。

③吉木萨尔。无刺，新疆吉木萨尔县地方品种，生育期143 天，株高 136 厘米左右，叶缘及苞叶无刺。花色红，百粒重 4.2 克，种子含油量 30%，亚油酸含量 82.23%，耐旱性强。

④塔城无刺。新疆塔城地方品种，株高 125 厘米左右，叶片无刺，苞叶少刺，花色橘红，百粒重 3.6 克，种子含油量 30.5%，亚油酸含量 78.76%。

⑤无刺红。为新疆博孜达克农场从 AC-1 变异株中系选而成，属无刺类型，花色橘红，百粒重 3.5 克，种子含油量 44.7%，亚油酸含量 77.99%。

⑥花油 2 号。无刺型，系中国科学院北京植物园采用杂交方法育成。株高 95 厘米左右，花色红，种子百粒重 4.1 克，种子含油量 34.54%，亚油酸含量 76.2%。

⑦新红花 3 号。由新疆农业科学院经济作物研究所以吉红 1 号地方品种为母本，美国高油酸有刺红花品种油酸李德为父本杂交选育而成，2000 年通过审定。植株生育期 104～135 天，株高 105 厘米左右，果球无刺，花为橘红色，种子百粒重 3.95 克，含油量 30.88%，油酸含量 56.0%，亚油酸含量 35.4%。较抗倒伏，较耐根腐病、锈病，在一般栽培条件下，亩产籽 140 公斤左右，亩产花丝 23 公斤左右。

⑧新红花 4 号。由新疆农业科学院经济作物研究所以自选品系 9122 为母本，美国红花品种 AC-1 为父本经有性杂交选育而成。2000 年通过审定，生育期 101～132 天，植株高度 100 厘米左右，果球无刺，花红色，种子半月形，百粒重 3.85 克，种子含油率 39.68%，亚油酸含量 79.2%，油酸含量 12.1%。一般栽培条件下，亩产籽 130 公斤，亩产花丝 20 公斤左右。较抗倒伏，较耐根腐病、锈病，适合于新

74

疆等红花产区种植。

55. 如何进行土壤耕整和施肥？

红花根系发达，主根可深达 2 米左右，可吸收土壤深层水分，因而抗旱能力强，在瘠薄土壤种植，也可获得一定的收成。为了获取高产，红花宜种在地势平坦、土层深厚、肥沃、排水性能良好的砂质土壤上。

干旱薄地提高整地质量和增施底肥，能获得较高产量和较好的经济效益。要求土壤翻耕深度 15～20 厘米，结合耕地时施入底肥，每亩施农家肥 3 000～4 000 公斤、硝铵 20 公斤、过磷酸钙 25 公斤。土壤肥力较差的地块，结合播种每亩可施种肥磷二铵 5 公斤和尿素或硝铵 2～3 公斤，随种子下土（注意化肥不要直接接触种子）。播前以 0～30 厘米土层中含水量保持在 11%～13% 为宜。气候干旱地区应注意秋翻冬灌，早春镇压保墒，以利播后全苗。

我国南方多湿地区种植红花，亦需深沟高畦以利排水，防止根腐病发生。一般畦高 20～25 厘米，畦的宽度有 100～133 厘米，也有 80 厘米和 170 厘米。具体宽度需视各地气候条件、土壤渗透性能、方便采花等因素而定。原则是湿度大、土壤渗透性差和需要进行摘花作业的地区畦面的宽度宜小。

56. 怎样做到适期播种？

红花发育所需 5℃ 以上的积温为 2 000～2 900℃，15℃ 以上的积温为 1 500～2 400℃。此外，还受光照、水分等环境条件的影响，如播期选择不当，将会影响红花的产量及品质。

播期的选择应考虑到日照因素。红花为长日照作物，从一定范围内讲不论播种早或晚，只有使其发育处于长日照条件下，才能开花、结实。温度的高低也会直接影响种子能否发芽。当离地表5厘米的土温达4~5℃时，种子才能萌动发芽。据此，新疆塔城地区常年在3月下旬至5月中旬播种；乌鲁木齐地区4月10日~4月15日为适宜播种期；甘肃河西地区，适宜播期为3月20日~3月25日，沿河地区可延至4月中旬；宁夏南部干旱山区、贺兰山东麓及黄河灌区，播种期为3月中旬至4月中旬，适宜播期为4月中旬；辽宁西北部的阜新等地区，播期为3月下旬至4月下旬，适期为4月份；河南省辖地区气候差异较大；有春播、秋播之分，春季适宜播期为2月下旬至4月上旬，秋播为10月中旬。长江流域一带种植红花，也可分春、秋两季播种，播期与河南基本相同。但是，上述可春、秋播种地区，秋播存在越冬保苗问题。不宜播的过早，否则红花进入伸长阶段，不耐低温，易发冻害；倘若播的太晚，因苗小根浅，也不抗冻。越冬幼苗以6~8片真叶为合适。台湾适宜种植红花的季节，北部为11月下旬至翌年1月下旬，南部提至10~12月播种为好。西南边陲的云南省，种植红花多在10月中旬~11月中旬。

根据红花生长发育规律，我国农民已摸索出了一套行之有效的早播措施。如临冬播种，即在晚秋土壤冻结之前播种红花，让种子在土中越冬，翌年地温回升时萌发出苗。须注意的是土壤上冻前要控制种子呈休眠状态。若是遭遇冬春雨雪造成土壤板结时，须于早春红花出苗前耙松表土。

顶凌播种，即在早春利用午后土壤表层化冻这一时机进行播种。如新疆塔城博孜达农场采用此法使红花获得了较好的收成。

76

57. 红花播种方法有几种?

红花常见的播种方法有撒播、条播、点播等。土壤墒情好，杂草少，种子量充足的情况下，可采用撒播。但这种播种方法给田间管理及采花等农事操作带来不便，不宜提倡。点播（又称穴播、窝播），多用在四川、福建等省，每穴留苗2~5株。红花播种一般多用条播的方法，以便于中耕除草、培土和灌水，又能节省生产用种，通常比撒播每亩能增加20%~40%的苗数。大面积栽培通常用谷物条播机播种。

干旱地区栽培红花，保苗、全苗是关键，为此需在保墒整地方面做好安排，而秋翻冬灌，早春耙松表土保墒，整地后立刻播种等便是行之有效的措施。"浸种催芽坐水播种"可一次保全苗（出苗率为99%以上），适期播下的红花种子，入土后3~4天即可出苗。

58. 如何确定红花的种植密度和播种深度?

红花的种植密度，通常采用的行株距为45厘米×10厘米（即每亩留苗14 822株），也有45厘米×15厘米（每亩留苗9 881株）。通用的播种行距一般为30~45厘米，如有采花作业，则每隔4行留60厘米宽的走道。

红花株行距的确定，一般需要考虑以下因素：①旱地与水浇地比较，旱地宜密，水浇地宜稀；②晚播宜密；③分枝性强的品种宜稀，一般采用45厘米×5厘米或45厘米×10厘米的行株距。对于植株较矮的品种（如墨西哥矮秆等），可采用45~20厘米×5厘米的宽窄行种植；④采花者，每隔数行留一定行距作为采花通道；⑤机械收割的应适当密植，以限制茎秆过粗，影响收割质量。红花每亩用种量一般为2.5～3公斤，播种深度不宜超过5厘米。

地膜覆盖。试验表明，覆膜比未覆膜增产62.4%～104.1%，一般每亩可增收百元以上。早出苗5～7天，熟期提早9～12天。

间套种方式。在辽宁西北，采用两种方式：①红花与棉花同作，2行红花，行株距50厘米×5～6厘米（每亩15 000株），3月下旬至4月上旬播种。8行棉花于4月下旬至5月初播种。间作的经济效益相当或略高于单作棉花。②红花与荞麦套种。这种方式比单种荞麦或红花增收28%～71.9%。在豫西地区采用红花与甘薯间作。

59. 红花的田间管理应注意哪些重要环节？

（1）间苗定苗。5叶期间苗，8叶期定苗，每亩保苗不要低于15 000～20 000株。

（2）中耕除草、培土。红花生长期间，常伴有杂草危害，影响产量和妨碍机械收获，须视情况中耕除草2～4次。也可用除草剂灭草。秋播红花，生育期较长，中耕次数比春播者稍多。春播红花一般中耕3次，第一次在莲座期，第二次在茎伸长期，第三次于植株封行前进行。红花在分枝阶段生长相当迅速，常受大风影响，易倒伏，应结合中耕进行培土。我国南方湿度较大，红花植株繁茂，更应注意这一田间管理措施。

（3）追肥。种植红花地块肥料不足，会影响株高、单株花球数、单株种子粒数。在土地贫瘠、基肥不足的田块，应注意追肥。春播红花一般追肥2次即可，第一次在株高15厘米左右时进行，这一时期红花开始进入茎伸长期，植株生长迅速，需要补充养分供应。第二次可在植株封行前结合培土时进行，这一时期红花转入生殖生长阶段，如养分供应及时，可促进花球及种子发育良好。若以尿素计算，每亩施用量为7~8公斤；若用硝铵，每亩15公斤。条施或撒施后灌水，让根系及时吸收。

（4）灌水。红花虽然耐旱能力很强，但在干旱土地上，灌水则有明显的增产效果。灌水次数及灌水量视气候、土壤和品种而异。生长发育阶段不同对水分的需要也不相同。苗期需水量小，比较耐渍。分枝期及花期是红花需水量的高峰期，土壤缺水应进行灌溉，整个红花生育期一般灌水3次，即分枝期、开花期、灌浆期。灌溉方法以隔行沟灌为宜。可节约用水和减少病害发生。灌溉时选择在阴天或夜间进行，忌高温天气灌水。灌溉过的地块，须及时疏通排水系统，以免积水，造成后患。通常年景，每亩用水量220~250立方米较为理想，若水源不足，每亩用水量100立方米也可。

当前，红花生产中灌溉的主要问题是用水偏大，切忌漫灌，以免造成红花植株大量死亡。为此，在灌溉时须慎之又慎。

60. 如何进行红花的收获、脱粒及贮藏？

栽培红花既可采花又可收籽，两者均要适时收获。

（1）采花丝。在盛花期即全田70%~80%的植株开花时开始分次采摘最为适宜。药用花丝讲究外观色泽，即由黄变橘红或橙色时采摘为佳；呈萎蔫状态的花冠，色泽变暗，质量欠佳，会影响使用效果。栽培红花可摘花丝2~3次。采回的花丝先放于阴凉处风干，并要注意多次翻动，以防结块或霉烂，待半干后移到太阳下晒干，而后装入透气性好的麻袋内，存于干燥、阴凉处。

（2）收籽。收割红花前要确定适宜的收获期。红花成熟标准：植株叶片变干呈褐色，茎秆表面稍微萎缩，种子含水量已降至9%以下便可收割。田间直观确定种子含水量的方法是用手捏数个花球，种子易脱落，牙咬时发出脆声即可收获。

在红花成熟时临近雨季的地区，须及时抢收。否则遇雨霉变，使种子在花球上发芽而造成损失。

大面积收获，可采用联合收割机进行收割。面积小的地块可用镰刀直接收割。收割的红花应及时运往晒场摊晒，干后即行脱粒。脱粒的用具，有脱粒机、石磙、梃枷等。脱粒后的红花种子要及时晒干扬净，再装袋运往仓库，在干燥、低温条件下贮藏或直接运往油厂加工。

61. 我国红花主要病害有哪些？如何防治？

常见的红花病害有锈病、根腐病、叶斑病等。这些病害的发生常因气候条件、栽培措施以及品种抗病性不同而异。对这些病害的预防措施是实行轮作，保持田间排水通畅，培育抗病品种和改进栽培技术等，应做到防重于治。

(1) 锈病。在种植红花的地方几乎都有发生。当土壤或种子携带的锈病孢子侵染幼苗的根部、根颈或嫩茎时，靠近土壤表面下的幼苗茎部形成束带，幼苗因缺水枯萎或被风吹折，因而造成严重缺苗。高湿度和灌溉有利于锈病发生和发展。干燥地区锈病发生较少，连作是造成锈病孢子侵染根部和根颈的主要原因。防治方法：注意轮作和使用不带锈病孢子的红花种子；用挥发性的杀菌剂处理种子，常用25%粉锈灵2 000倍液喷1~2次。

(2) 根腐病。此病易在高温高湿条件下发生。在红花生育时期的任何阶段都能侵染，尤以苗期为重，侵染根部及茎的基部，被侵染植株萎蔫，呈浅黄色并死亡。早期根部出现红色组织，根鲜重减少，随后变成黑色。根腐病源是一种真菌，它存在于土壤及植株的枯枝落叶中。高湿条件有利此病的发生。防治方法：红花和不易被感染根腐病的作物轮作；药剂防治。

（3）叶斑病。被侵染的植株叶片和苞片有大而不规则的褐色斑点，可引起种子失色、枯萎和腐烂，严重时，使整株倒伏，降低种子产量和含油量。其防治方法：可用托布津1 000倍液、65%代森锌500～700倍液等进行喷雾防治。

62. 我国红花主要害虫有哪些？如何防治？

红花的主要害虫有金针虫、蚜虫、红花蝇、红蜘蛛等。

金针虫：在早春或春末红花易受金针虫危害，常危害幼苗的芽和幼苗根系，致使整株枯死。

蚜虫：常见的危害红花的蚜虫有桃蚜、卷叶蚜、蚕豆蚜等。可在红花生长的各阶段出现，危害严重时能阻碍植株生长，甚至毁灭全株。

防治方法：常用40%乐果乳剂1 500～2 000倍液或25%敌杀死乳剂2 500～4 000倍液喷雾防治。

第四部分　胡　　麻

63. 我国胡麻主要有哪些优良品种？

当前胡麻主栽优良品种多为油纤兼用类型，另外还有一些油用和纤维用品种。

（1）坝亚 5 号。张家口市坝上农业科学研究所以大同 4 号为母本、酒亚 1 号作父本经有性杂交系谱法选育而成。1994 年河北省农作物品种审定委员会审定。属油纤兼用品种。株高 60 厘米左右，主茎分枝 3.4～8.8 个。单株蒴果 5.1～12.5 个，单果粒数 6.4～8.9 个，千粒重 7.47 克。花蓝色，种皮褐色。生育期 103 天，中熟品种。比较喜肥水。抗枯萎病能力强、抗倒伏。种子含油量 40.7%，出麻率 14.21%。1990～1991 年张家口 6 个区试点中平均每亩产籽 88.7 公斤，平均比对照坝亚 2 号增产 27.96%，是两年 11 个点（次）惟一全部增产的品种。6 个点生产鉴定，每亩产籽 48.6～95 公斤，平均增产 57.8%。据黑龙江农业科学院经济作物研究所测定，每亩产原茎 375.1 公斤，纤维 46.45 公斤，干茎制成率 87.1%。

栽培要点：选择 3 年以上未种亚麻的麦类茬口，5 月中旬播种，每亩播量 3.5～4 公斤，每亩留苗 30 万株。在无农家肥的地块，结合播种每亩施磷酸二铵 5 公斤，现蕾开花期每亩追施尿素 5 公斤，并浇水一次。

（2）伊亚 2 号。油用品种喀什"7459-12"为母本、加拿大高抗枯萎病油纤兼用品种红木 65 为父本，经杂交单株选择和集团选择、南繁加代异地鉴定选育而成。油纤兼用型品种。株高 67～72 厘米，工艺长度 48～52 厘米。分枝短而集中，株型紧凑。单株蒴果为 12～20 个，千粒重 6.4～6.6 克。生育期 96～105 天。苗期生长发育较慢，后期较快。抗倒、抗旱性强。每亩产籽 120～160 公斤，最高可达 200 公斤。原茎每亩产量 200～250 公斤，最高可达 300 公斤。

栽培要点：每亩播量 4.5～5 公斤，亩保苗 35 万～40 万株。播深 3～4 厘米，以麦、豆、玉米茬为好。底施氮、磷复合肥每亩 10～15 公斤，尿素每亩施 5～10 公斤。出苗后 1 个月左右浇第一次水，生育期间视降水情况可浇水 3～5 次。

（3）新亚 1 号。由新疆农业科学院拜城试验站，以甘亚 4 号作母本、美国胡麻作父本杂交选育而成。由新疆农作物品种审定委员会审定。油用型品种。该品种生长整齐，植株较矮，分枝部位较低，抗倒伏，籽粒较小。生育期 81～123 天。分枝 4 个，株果数 5.2 个。每果粒数 7.3 粒，千粒重 6.8 克，含油量 45.89%，品质好。该品种在水地胡麻品种联合区域试验的 20 个试点中，其中有 10 个试点比当地对照种增产 8.6%～170.1%，每亩产籽 150.5 公斤。

栽培要点：以肥力中上等的灌溉地栽培为宜。每亩播量 4～4.5 公斤，保苗 29 万～32 万株，3 月下旬至 4 月中旬播种，行距 20 厘米，现蕾期浇头水，结合追施适量氮肥，加强中耕灭草。

（4）天亚 2 号。由甘肃省清水农业学校杂交选育而成。1982 年经甘肃省农作物品种审定委员会审定通过，定为推广品种。油用型品种。该品种生长较整齐，株高中等，分枝部位低，抗旱，适应性较强。株高 54.8 厘米，分枝 4.1 个，株果数 11.9 个，果粒数 6.9 粒，千粒重 7.47 克，含油量 40.79%。生育期 102 天。

非灌溉地胡麻联合区域试验的 19 个试点中，有 12 个试点表现比当地对照种增产 2.1%～35.6%，每亩产籽量 52～104.9 公斤。

栽培要点：水、旱地均可栽培。旱地每亩播量 3.5～4 公斤，亩保苗 25 万～30 万株。水地每亩播量 4.5～5 公斤，亩保苗 28 万～35 万株。旱地于 4 月上旬至 5 月上旬播种，水地于 3 月下旬至 4 月下旬播种。及时中耕松土灭草，提高抗旱能力。

（5）天亚 5 号。组合（天亚 2 号×德国 1 号）×天亚 3 号。由甘肃省天水农业学校育成。1990 年经山西省农作物品种审定委员会审定。幼苗直立深绿色，株型紧凑，蒴果集中。株高 58 厘米，工艺长度 35 厘米左右。花蓝色，籽粒褐色。千粒重 7.2 克，含油量 38.8%。高抗枯萎病。幼苗期抗立枯病和炭疽病能力差。生育期 90～95 天。1987 年和 1989 年在山西省农业科学院高寒作物研究所内试验，每亩产籽分别为 156.4 公斤和 113.63 公斤。1989 年在右玉县示范面积 240 亩，平均亩产籽 131.5 公斤。

栽培要点：播前精细整地，作好保墒工作。可采用炭疽佛美拌种（药量为种子量的 0.3%）。如春季土壤湿度大气温低时，可适当推迟播种。该品种对水肥要求较高，在旱地种植应施足底肥，并适量增施追肥。苗期管理要早，实行 2 次中耕，幼苗 6.6 厘米高时细锄 1 次，灭草松土壮幼苗。现蕾始期进行中耕，以接纳雨水，满足蕾期对水分的需求。

（6）天亚 6 号。该品种以天亚 2 号为母本、（天亚 4 号×坝 59-208）F$_3$ 为父本的三交组合，原代号为"84-93-6"，

1993 年通过技术鉴定和甘肃省农作物品种审定委员会审定，定名为天亚 6 号。油纤兼用型品种。平均有效分枝数 5.4 个，单株平均蒴果数 17.67 个，每果着粒数 7.85 粒，单株生产力 1.18 克。千粒重 7.75 克。高抗枯萎病，同时抗白粉病。平均工艺长度 47.6 厘米。该品种茎秆坚韧，抗倒伏力强，较早熟，含油量 38.6%，适应性广，一般亩产籽 115～120 公斤。

栽培要点：天亚 6 号耐肥抗倒，且有较强的抗旱、耐瘠能力，对水肥条件反应弹性大，适应性广。因其丰产性好，宜增施肥料。种植密度旱地可每亩播种 3～4 公斤，亩保苗 20 万～25 万株；蔽荫地区可每亩播种 3.5～4.5 公斤，亩保苗 30 万株左右；在灌区一般可每亩播种 5～6 公斤，亩保苗 30 万～35 万株。

（7）蒙亚 1 号。由内蒙古农业科学院从雁杂 10 号品种中采用单株系统选育而成。油纤兼用型品种。该品种生长整齐一致，前期生长较缓慢，分枝与花期集中，耐旱性、丰产性与适应性强，品质好。株高 55.5 厘米，株果数 10.3 个，每果粒数 6.9 粒，含油量 45.8%。生育期 107 天。在非灌溉地胡麻联合区域试验的 19 个试点中，有 12 个试点表现比当地对照种增产 2.4%～74.5%。每亩产籽 78～86.5 公斤。

栽培要点：灌溉与非灌溉地均可栽培，合理密植，每亩播种量 3.5～4.5 公斤，亩保苗 25 万～30 万株。4 月上旬至 5 月中旬播种。每亩施种肥（碳二铵）5 公斤。早锄、细锄。蒴果籽粒变褐，麻秆上部显黄褐色时即可收获。

（8）内亚 2 号（蒙亚 6 号）。由内蒙古农业科学院从雁杂 10 号品种中多次单株选育而成。1985 年经内蒙古自治区农作物品种审定委员会审定通过，定为推广品种。油纤兼用型品种。该品种生长整齐一致，植株高大，分枝多而集中，抗倒伏性中等。生育期 83～134 天。株高 70.1 厘米，分枝 4.7 个，株果数 12.6 个，果粒数 7.0 个，千粒重 7.3 克，含油量 40.7%。在灌溉地胡麻品种联合区域试验的 20 个试点中，有 5 个试点表现比当地对照种增产 4.1%～20.5%，平均每亩产籽 154 公斤。

栽培要点：灌溉与非灌溉地均可栽培。适当密植每亩播量 4.5～5 公斤，亩保苗 30 万～35 万株，3 月下旬到 4 月中旬播种。现蕾至开花初期浇头水，追施尿素每亩 7.5 公斤，注意早锄、细锄、松土灭草，促进根系发育。麻秆下部 1/3 脱叶，上部发黄、蒴果成熟时应及时收获。

（9）晋亚 5 号。组合（甘 156×晋亚 3 号）×（"208"×张掖 15×17），由山西省农业科学院高寒作物研究所选育而成。1990 年经山西省农作物品种审定委员会审定，定名为晋亚 5 号。油纤两用品种。株高 62 厘米左右，工艺长度 42 厘米左右。含油量 41.32%，千粒重 8.3～8.4 克。苗期长势强，花蕾分化多，株型较紧凑，生长整齐一致。生育期 98～105 天。表现抗旱、抗倒伏、耐病，适应性强。生育后期降雨多时，有返青现象发生。一般亩产籽 90～100 公斤。

栽培要点：实行 6～7 年以上的轮作。适时早播，以充分发挥花蕾分化早、分化期长的特点。施足底肥，防止后期脱肥。苗期浅锄、现蕾深锄，以促壮苗。成熟时及时收获，以防返青减产。

（10）晋亚 7 号。由山西省农业科学院高寒作物研究所育成。1995 年经山西省农作物品种审定委员会审定。油纤兼用型品种。株高为 68 厘米，工艺长度 45～50 厘米。主茎上部分枝多而松散，花蓝色，梅花状。单株平均结果 19 个，每果种子 8 粒左右。籽粒褐色，千粒重 6.8 克左右。生育期

95 天左右，苗期生长缓慢，后期生长快，开花期集中，灌浆快，落黄好。抗枯萎病强。

栽培要点：施足底肥，以农家肥为主配合适量氮、磷肥。4 月中、下旬播种，亩播量 3.5 ~ 4 公斤，苗期浅锄，蕾期深锄。水地种植时，现蕾开花期浇水、追肥，增产效果好。

（11）陇亚 7 号。组合"74-6"×陇亚 5 号，由甘肃省农业科学院经济作物研究所育成。1990 年经山西省农作物品种审定委员会审定。油纤两用型品种。株高约 60 厘米，工艺长度 40 厘米左右。茎秆较细，上部分枝长而松散。幼苗生长较缓，后期生长较快。花浅蓝色，籽粒褐色，千粒重 7.1 克。生育期 94 ~ 100 天。幼苗期对立枯病、炭疽病有较强抗性。1987 年和 1989 年，在山西省农业科学院高寒作物研究所试验，每亩产籽分别为 148.9 公斤和 117 公斤，比晋亚 2 号分别减产 5.48% 和 7.59%。1989 年参加省区域试验，每亩产籽 71.46 公斤，比晋亚 2 号减 2.54%。

栽培要点：合理轮作，轮作周期应在 5 年以上。对土地实行秋深耕、冬碾压、春季顶凌耙耱的耕作法，以保住墒情，提高出苗率。施足底肥，做到氮、磷配合。在低温潮湿的地区，春季应适当推迟播期 7 ~ 9 天，以防病害对幼苗的侵害。苗期早管理，防止杂草抑制幼苗的生长。苗高 6.6 厘米时第一次中耕，现蕾第二次中耕，深度 8 厘米左右。

（12）定亚 10 号。由甘肃省定西油料试验站杂交选育而成。1986 年甘肃省农作物品种审定委员会审定。油纤兼用型品种。前期生长较缓慢，后期发育较快。植株高大，分枝较集中，但籽粒较小，耐旱、适应性强。株高 62.5 厘米，单株果数 12.6 个，每果粒数 6.6 粒，千粒重 6.72 克，含油量 41.36%。生育期 106 天。

栽培要点：适宜旱地栽培。每亩播种量 3.5~4 公斤，亩保苗 22 万~32 万株。4 月上旬到 5 月中旬播种，行距 25 厘米。每亩施种肥（磷二铵）5 公斤，加强中耕灭草。

（13）定亚 17 号。由甘肃省定西地区油料试验站杂交选育而成。1988 年通过技术鉴定,1989 年甘肃省农作物品种审定委员会审定。属于油纤两用型旱地胡麻品种。一般株高 59.7~68.2 厘米，工艺长度 42.2~46.7 厘米，主茎分枝 4.0~4.8 个，单株有效果 14.0~14.9 个，千粒重 7.0~7.5 克，单株粒重 0.7 克，含油量 36.67%~44.38%，生育期 100~113 天。籽粒褐色，苗色深绿，花蓝色，株型紧凑;抗旱性强、丰产稳定性好。高抗枯萎病。一般亩产籽 80~150 公斤。

栽培要点：在甘肃省内种植播种期以 4 月上、中旬为宜，每亩播种量 3.5~4.0 公斤，亩保苗 25 万株左右。枞形期及时进行第一次中耕除草及追肥，成熟后及时收获。

64. 主要有哪些环境条件影响胡麻的生长发育?

（1）温度。胡麻是一种比较耐寒的作物，整个生育要求大于 10℃ 的有效积温为 1 400~2 200℃。胡麻种子通过春化阶段需要的温度为 2~12℃，时间为 5~9 天，个别半冬性品种需要 3~6℃ 的低温，12~18 天才能通过春化阶段，当温度高于 10℃ 时，通过春化阶段很慢。胡麻种子发芽的最低温度为 1~3℃，最适温度为 20~25℃。生育初期可忍受短时间的低温，二对真叶时期对低温的耐受力最强，可忍受 -6~-8℃ 的低温。胡麻刚出土时温度过低有极大的危害，可造成幼苗死亡，导致严重缺苗。油用胡麻为了获得高含油量、高产种子量，生育期以干燥高温的大陆性气候较适宜。

（2）光照。胡麻是长日照作物，对光的要求较高，光照充分有助于胡麻分枝，从而获得更好的产量。因此，胡麻不适合栽培在云雾较多、光照较弱的地方。纤维用亚麻为了获得高质量的纤维，与油用胡麻所需的光照条件正好相反，但开花后阳光充足有助于形成结构良好的纤维组织。胡麻通过光照阶段所需要时间的长短与温度和水分有关，在长日照下，适宜的温度17～22℃为好，水分充足，通过光照需26～36天。

（3）水分。胡麻是一种需水较多的作物，种子发芽需要吸收相当于本身重量的水分。胡麻的吸水量比一般作物多。在生育期间土壤持水量为60%～80%时较宜，又以60%最为适宜。在此良好的水分环境条件下，胡麻植株长得高大、蒴果数多，种子产量高。出苗后现蕾前期和开花期对土壤水分缺乏最为敏感，花期以后，土壤水分过多，胡麻植株易倒伏，成熟延迟。

（4）土壤。胡麻生长较适宜的土壤为中性或弱酸性的壤土。壤土含有丰富的腐殖质和水分，表层土壤有良好的团粒结构，具有较好的持水、保肥能力。砂土和粘土不适合胡麻的生长，因为砂土缺乏营养物质，保水能力差，粘土表层容易板结，不利出苗，且雨后易大量积水，稍遇干旱又很快变得干硬。

65. 怎样安排胡麻的茬口和轮作？

长期的栽培实践证明，胡麻最忌连作和迎茬种植。胡麻立枯病和炭疽病发病率一般为10%～37.3%，而重茬的立枯病发病率30%～52.7%，迎茬为25.4%～36%，3～4年轮作的为13.2%～19.8%，而实行5年以上轮作的发病率仅2%左右。所以，要实行5年以上的轮作制，才能避免病害大流行。此外，胡麻消耗地力大，连作不利于胡麻稳产丰产，合理轮作倒茬，用地养地相结合，才能连续增产。

总结各地比较好的胡麻轮作方式：

①马铃薯→春小麦→胡麻→莜麦→粟谷→绿肥。

②绿肥→春小麦→马铃薯→胡麻→莜麦→豆类。

③马铃薯→莜麦→豆类→春小麦→胡麻→绿肥。

④压青地→春小麦→莜麦→胡麻。

⑤春小麦→胡麻→玉米→粟谷。

66. 胡麻的生长发育对养分有何需求？

胡麻是需氮较多的作物，需氮量约为谷类作物的2倍多，氮肥的效应远远大于磷肥、钾肥，尤以低、中产胡麻最明显。胡麻需磷量比谷类作物略多，需钾量大致和谷类相当。相关试验表明，每生产50公斤亚麻籽大约从土壤中吸收氮素3.13公斤、磷素0.94公斤、氧化钾2.12公斤，需氮、磷、钾的比例约为1.0：0.3：0.67。

胡麻在不同的生育期需肥量也不同。生长前期对氮素吸收的速度较慢，枞形期后明显增快，地上部营养体大量增殖，经过快速增长期进入现蕾期，氮素营养的吸收量占全生育期吸收总量的一半以上，至开花期达到80%。胡麻在整个生育期对氮素营养的吸收有两个高峰，呈双驼峰形。第一个高峰是出苗后35～45天，处于快速生长期；第二个高峰出现在出苗后50～62天，处于开花初期。从胡麻对氮素的吸收特点来看，形成籽实所需要的氮素营养大部分来自前期植株营养体所积累的氮素，开花期植株所积累的氮素大部分转移到籽实中。因此，促进花期以前及花期氮素的积累，对提高胡麻的产量有重要的作用。

胡麻生长初期即从出苗到枞形期，磷肥对胡麻根系的发育有很大作用，如果缺乏磷肥，将延迟成熟，降低原茎和籽实产量。从开花期到结果期也是胡麻需磷较多的时期，在开花前后需磷最多。施用多量磷肥，对胡麻没有负作用，且在土壤中不易流失。

胡麻在整个生育期都不可缺少钾肥，从现蕾到开花和蒴果开始形成到收获这两段时间里，对钾的吸收较多，其中从现蕾到开花这一段时间吸收钾肥最多，此间钾肥不足，将显著降低产量。

67. 在胡麻生长过程中如何做到科学施肥？

胡麻是喜肥作物，通过对旱地胡麻优化栽培模式的研究，表明施肥量是影响胡麻产量的最重要的因素。因此，必须根据胡麻的需肥规律增施肥料，补充土壤养分的不足，对中、低产田尤其重要。

重施底肥、巧施种肥、适时追肥是胡麻施肥的关键。底肥以农家肥最好，高产典型都是在增施农家肥的基础上获得的。每亩施农家肥1 500～1 750公斤，结合秋耕，全部施入农家肥要充分发酵腐熟，从而提高肥料的利用率。施用速效氮肥做种肥，对胡麻的增产有显著效果，播种时每亩用2.5～3公斤尿素或硝铵或5公斤硫酸铵作种肥；用过磷酸钙做种肥增产效果也较明显，平均每公斤过磷酸钙可增产胡麻籽0.815公斤。出苗后30天到现蕾前期分两次追施氮肥，每亩5～7.5公斤，一般在灌头、二次水时追肥为宜。

68. 胡麻播种前要做哪些准备工作？如何确定胡麻的适宜播期和做到合理密植？

（1）播前准备。胡麻籽小，顶土力较弱，播前要精细整地，使土壤疏松平整，土块细碎。秋末冬初灌足冬水，抓住整地保墒的有利时机，墒情好，则出苗率高而整齐。胡麻忌干播后再浇水，这样易造成地表板结，妨碍幼苗出土。疏松的壤土比较适宜胡麻播种，不宜在盐碱较重的下湿地种植胡麻。播前半月内，耙细镇压，为下种作准备。

（2）播期选择。胡麻幼苗较耐寒，能短期耐受 –2 ~ –4℃的低温不致受害，适于早播。早播能充分利用土壤中的水分，出苗早、出苗齐，春化阶段长，根扎的深，茎秆组织紧密，增强抗寒、抗旱的能力；晚播的幼苗出土处于较高的气温条件下，春化阶段则短，地上部生长比地下部快，不利于根系深扎，不仅不利于抗旱，而且由于地上部茎秆细弱，组织疏松、木质部不坚实，成为后期植株倒伏的因素。山西省雁北地区进行播期试验，胡麻适时早播可增产15% ~ 30%，可提高含油量 0.5% ~ 1.5%。适时早播能提高单株结果数、单株粒数和千粒重。地区不同，气候存在差异，最适播期不尽相同，一般在 3 ~ 5 月份，当平均气温稳定在 6℃、土壤温度稳定在 7℃以上时即可进行播种。有试验表明在播种前 2 ~ 3 天，将胡麻的种子在 –12 ~ –15℃低温条件下处理 18 小时，能促进苗齐，增强抗逆性，提高胡麻单产和含油量，有效地降低炭疽病发病率。

（3）下种。耙细、整平地块，先作好畦，将种子均匀播于畦内，覆土盖种，深度 4 ~ 6 厘米。切忌播于地表，也不要先撒种后作畦，否则种子播种深度不一，幼苗出土不均匀。

（4）种植密度。胡麻宜密植，有"针扎胡麻"的说法，密植是影响胡麻产量的关键因素之一，是建立合理群体结构，获得高产的基础。但密度也需适当，不可过密，过密田间通风透光不良，茎秆细弱，不仅单株蒴果、每果粒数、千粒重显著降低，而且会造成后期病害严重，易于倒伏。每亩的播种量要考虑胡麻品种、种子质量、土壤肥力、土壤墒情等具体情况。干旱瘠薄地区，每亩播种 3～3.5 公斤，亩保苗 30 万～40 万株；胡麻耐盐力相对较差，盐碱地上的胡麻幼苗易死亡，播种量应大些，最后保苗 30 万株。株距 1.5 厘米左右。

69. 如何做好胡麻的田间管理工作？

胡麻顶土力差，播种后出苗前若遇雨水造成土壤板结，要及时破除，以利出苗，防止幼苗夭折。

胡麻前期生长缓慢，播种至枞形期需时 40 天左右，几乎接近整个生育期的一半，在此期间杂草危害极大，与胡麻争肥、争水、争空间。杂草的生长速度比胡麻生长快，在短时间便能荫蔽胡麻，将拖长胡麻的青绿时间，引起倒伏。大量杂草的存在还会加重病虫害的发生。因此，要及时铲除田间杂草，保障幼苗有足够的营养和生长空间，要做到早锄勤锄，在出苗后一个月和孕蕾期普遍锄两次，生育后期拔草一次。

为了保障水分供给，要及时浇苗期水。现蕾前期，是胡麻一生需水的重要时期，土壤要有足够的水分。开花期若土壤干燥，要及时浇花期水。

胡麻是密植作物，应加强中耕松土，松土与除草结合，早锄早松土，早拔除杂草，在出苗后一个月即苗高 5 厘米左右时第一次松土，拔除杂草。浇苗期水后再松土除草，以利地温的提高，促进根系生长与幼苗发育。

70. 如何确定胡麻的适时收获期？怎样贮藏胡麻种子？

胡麻的收获期一般在 8 月中、下旬，要在早霜之前收获完毕，此时从胡麻的外部形态看，全株大部分蒴果由青变黄、青桃凋萎，大部分叶子变黄并有部分脱落，大部分种子变为淡黄色，少数种子呈褐色，种子籽粒坚硬有光泽，只有小部分蒴果的种子呈绿色。胡麻花期长，同一植株不同部位的种子成熟亦有差异，不要等到全株的种子都变成褐色、蒴果由黄色转变为暗褐色、摇动植株蒴果种子沙沙作响时才收割，此时蒴果易开裂掉粒造成损失。胡麻的收获要在短期内完成，晴天收割最好，因胡麻种子表层含有果胶质，吸水性强，遇水后种子易吸水变质、发粘成团、失去光泽而影响品质。

收割后放置一段时间再打场脱粒，使茎叶中的养分继续进入籽实中进行后熟，收获时尚呈绿色的种子经过后熟变得饱满，提高种子质量。收获最好连根拔起，在地里晾晒10余天后熟效果明显。

脱粒后进行清理，除去茎叶等杂质。种子要充分晒干，水分含量以不超过12%～13%为宜。胡麻籽应贮藏在干燥、通风良好的地方，留种的亚麻籽铺层厚度不要超过50厘米，应经常翻动。

71. 我国胡麻主要病害有哪些？怎样防治？

危害胡麻的主要病害有枯萎病、立枯病、炭疽病、白粉病等。

（1）胡麻枯萎病及其防治。

20世纪80年代以来，随着胡麻播种面积扩大，连作重茬地增多，枯萎病的危害日趋严重，成为当前危害胡麻的最重要的病害，超过了炭疽病和立枯病的危害程度。1990年对内蒙古、山西、甘肃、河北等地区进行枯萎病调查，发病枯死率在30%～90%，造成大面积减产，严重挫伤了农民种植胡麻的生产积极性。胡麻枯萎病也称萎蔫病，是由尖孢镰刀菌属的亚麻枯萎病菌侵染引起的病害，主要通过种子及土壤传播。胡麻自苗期到成株期都可以发病受害，尤其是在苗期和株高 10 厘米左右时为盛发期。病原菌主要从根部侵入后，到达维管束的导管中，再分布各器官组织。幼苗发病多从顶部开始，叶下垂发黄，以致全叶萎蔫，茎基部以下腐烂缢缩，病株直立不倒伏。成株期发病自上部叶片开始，呈黄绿色萎蔫下垂，后变成黄色至褐色，全株干枯，根系腐烂，易从土中拔出。幼苗感病后萎蔫、枯萎而死，轻的造成缺苗，重则断行或成片死亡，对胡麻产量影响很大。胡麻枯萎病的腐生能力很强，不仅能在土壤中的病残体上存活多年，还可在土壤中存活相当长一段时间。粘附在种子上的分生孢子也能越冬。因此，病株残体和带菌的土壤和种子，都是次年发病的侵染源。调运种子是枯萎病远距离传播的主要途径。低温、高湿有利于该病的发生。

目前对枯萎病还没有有效的杀菌剂，必须采取一系列的措施加以防治：

①选用抗病品种。不同胡麻品种对枯萎病的敏感性差异很大，利用品种的抗病性是防治枯萎病最有效的途径。在枯萎病发生蔓延危害地区，应加速引用抗病品种。通过胡麻品种抗枯萎病性鉴定，定亚 10 号、定亚 17 号、天亚 5 号、天亚 6 号、蒙亚 8 号和陇亚 7 号等都是抗病性比较强的品种，天亚 4 号、天亚 2 号抗病性则较差。

②实行合理的轮作倒茬制度，改善耕作栽培管理。根据胡麻枯萎病原菌在土壤中的生存特性及侵染途径，必须严格实行 5 年以上的轮作制度，这是控制病害蔓延的关键措施。黄豆与豌豆是胡麻枯萎病病原菌的寄主植物，因此黄豆与豌

豆不宜作胡麻的前后茬。增施基肥和磷钾肥，避免过多单施氮肥，避免在低洼潮湿地种植胡麻，要及时排除田间积水。

③消灭初侵染源。收获胡麻时及时消除田间病残体，并烧毁或深埋。建立无病种子田，保持品种纯度，不从病区调种。

④对种子进行必要的处理。播种前用种子量 0.2% 的福美双或种子量 0.3% ~ 0.5% 的五氯硝基苯拌种，也可用种子量 10% 的多菌灵拌种，或者用 100 ~ 150 倍福尔马林液喷种消毒。这些药剂除可防治胡麻枯萎病外，还可兼治胡麻炭疽病和立枯病等。研究发现，胡麻种子抗热力强弱与抗病性成正比，用 50 ~ 52℃ 的热水浸种淘汰失活不发芽的种子，余下的种子播种后所获植株第一年虽发育不良，但第二、第三、第四代种子具有较强的抗病力。

⑤要注意防治引入胡麻枯萎病病原菌与当地病原菌混杂产生变异，出现新的生理小种，使抗病品种退化，丧失其抗病性。

（2）胡麻炭疽病、立枯病及其防治。

20 世纪 80 年代以前，炭疽病是危害胡麻的主要病害，以后随着胡麻枯萎病的蔓延，枯萎病的危害大大超过了炭疽病和立枯病。但炭疽病和立枯病仍然是胡麻的主要病害，造成死苗死株，缺苗断垄，严重影响胡麻产量。炭疽病和立枯病病原菌主要靠土壤、种子及植株残体带菌传播。防治方法有：进行轮作倒茬；建立无病种子田；用 0.3% 的拜丹或粉锈宁（粉剂）播前拌种，防治效果可达 80% 左右；种子贮藏期间防止受潮，播前晾晒种子。

如发现有白粉病，应及早防治，可用农用链霉素 50 ~ 100 单位喷施。

72. 我国胡麻主要虫害有哪些？怎样防治？

为害胡麻的害虫主要有蚜虫、粘虫、银纹夜蛾、蛴螬、根蚜、金针虫、地老虎等。蚜虫是胡麻主要害虫之一，蔓延很快，以早蕾、开花期为害最大。蚜虫的防治以预防为主，防治结合。从出苗到孕蕾开花结果期用乐果普遍喷打1次，发病时也可用氧化乐果、速灭杀丁乳油、敌杀死等进行防治。地下害虫如金针虫、地老虎对胡麻苗期为害十分严重，每亩可用3%呋喃丹1.5公斤于播种前处理土壤防治，还可起到兼治蛴螬、根蚜等其他地下害虫。

73. 如何防治菟丝子对胡麻的危害？

菟丝子是胡麻的一种寄生性病害，没有根，叶片退化成鳞片状，无叶绿素，不能进行光合作用，靠吸盘侵入胡麻韧皮部吸收胡麻的养分和水分存活，造成胡麻植株营养不良、生长速度变慢、植株矮小、茎叶枯黄、产量下降，被害严重的植株早期枯死，造成绝产。菟丝子再生能力极强，侵染速度很快，初侵染源主要来源于种子、土壤粪肥。

防治菟丝子的危害以预防为主，精选种子，除去种子中的菟丝子种子；建立合理的轮作制度，在大豆田有菟丝子发生的地区禁止使用大豆茬种胡麻；拔除病株；用五氯酚钠每亩1公斤在播前均匀施入土壤或随肥施入土壤，或用25%的敌草隆可湿性粉剂每亩0.075~0.1公斤加水20公斤，在播后出苗前喷于土表可以触杀菟丝子的幼芽；菟丝子危害较重时用48%的地乐胺乳剂加150倍水喷施，每亩用药液15~20公斤，也可采用生物农药"鲁保1号"每亩0.5~0.75公斤加水25~30公斤，在傍晚喷雾防治，每6~7天喷1次，连喷2~3次。

第五部分　苏　　子

74. 苏子有何经济和医疗保健价值？

苏子属唇形科苏子属一年生草本植物，苏子属仅有白苏和紫苏两个种，白苏有野苏麻、薄荷、水升麻、花子等别名；紫苏有红苏、黑苏、苏子、野苏等别名。

（1）苏子油。苏子油的脂肪酸组成如表13所示：

表13　苏子油的脂肪酸组成（％）

脂肪酸	棕榈酸	棕榈烯酸	硬脂酸	油酸	亚油酸	α-亚麻酸	花生酸
白苏	8.0	1.2	2.6	13.6	19.1	55.5	—
紫苏	7.8	—	2.2	21.7	12.6	53.8	1.9

白苏和紫苏不饱和脂肪酸总量高达90％左右，其中 α-亚麻酸含量极为丰富，是常见植物油中含量最高的。苏子油属高度不饱和脂肪酸油脂，稳定性差，易发生热分解和氧化，形成大量的挥发性羰基化合物。苏子油具有特殊的气味，可与其他油脂相区别。类脂肪含量少，加热至高温时油中热析物不多。优良的苏子油中游离脂肪酸含量约 0.5％。碘值较高，是典型的干性油。

国外对苏子油进行了大量研究，研究表明苏子油具有良好的医用价值和保健功能，归纳起来主要有以下几点：①抗衰老作用；②提高智力和视力；③降低血脂；④减少体脂；

⑤抑制过敏性反应和由此引起的炎症；⑥具有一定的抗癌、抑癌效应。

苏子油的碘价为 190～206，是性能优良的干性油，在化工领域用途广泛，可制油漆、涂料、油墨，还可制造油布、油毡等，苏子油也是润滑油和甘油的原料。此外，苏子油富含 α-亚麻酸，也是制取 α-亚麻酸的重要原料。

（2）苏子蛋白及饼粕。苏子种子含有 25% 的粗蛋白，氨基酸组成平衡合理，是优质食用和饲用蛋白。研究苏子籽粒脱皮技术，可进一步开发苏子浓缩蛋白和分离蛋白。苏子籽粒中，同时还含有磷 0.65%，谷维素 0.1%～1%，维生素 E 0.1%～0.5%，以及少量维生素 B_1、植物固醇等其他营养物质，每克热量达 24.28 兆焦，籽粒榨油后的饼粕粗蛋白含量高达 40% 以上，是优质的畜禽精饲料，营养价值是玉米籽粒的 2 倍，可代替玉米在畜禽日粮中作高蛋白饲料用。

（3）苏子茎叶、花和种子。苏子的茎叶、种子是传统的中药材。苏子的茎叶性温味辛，苏叶有发表散寒治疗寒热头痛的功效，可用来发汗、行气、镇咳、镇痛、健胃、利尿、解毒，适用于感冒、发热、怕冷、无汗、胸闷、咳嗽以及鱼蟹毒引起的腹泻、腹痛、呕吐等症。苏梗（老茎）有理气安胎的功能。种子有下气平喘、止咳、消痰、治疗咳嗽气喘和麻风病的作用。

苏子幼嫩茎叶营养价值丰富（表 14），是可口的蔬菜，亦可经腌制等方法加工后食用。

苏子旺长期的茎叶是喂养牲畜的优质青饲料，提取挥发油后茎叶残渣也可饲喂牲畜，其茎秆堆放后熟再经粉碎后可作为猪的粗饲料。

表14　苏子茎叶营养成分（%）

茎　叶	粗蛋白	粗脂肪	粗纤维	灰分	P	Ca
幼嫩叶	13.11	5.06	14.49	20.04	0.272	1.14
幼嫩茎	5.09	1.29	34.24	18.36	0.238	2.55
旺长期落叶	7.09	1.93	34.09	9.54	0.315	1.82

　　苏子再生力强，植株产量高，堆制腐熟作绿肥可增加土壤有机质含量，改善土质。苏子每株可达几千朵小花，花期集中在6月份，是很好的蜜源植物。

　　苏子茎秆高大，枝叶繁茂，根系比较发达，每年的暴雨频繁时期正是苏子生长高峰期，对于减少坡地、江河堤坝的地表径流、减缓土壤的冲刷起到积极的固土防护作用。据有关资料表明，连种3年苏子比同等抛荒坡地地表径流减少30%～40%，减少土地冲刷40%～50%。

75. 目前苏子的生产状况怎样？发展苏子生产的前景如何？

　　苏子原产我国，距今已有2 000多年的历史。苏子在地中海沿岸到小亚细亚干旱地区均有分布。苏子在我国分布较广，大多为野生，主要作为药用植物加以利用，苏叶、苏梗、种子都是传统的中草药。苏子抗逆性强，抗寒、抗旱、抗虫、耐瘠、耐渍、耐阴，适应性广，一般亩产种子100公斤左右，高产田块可达200公斤。种子含油量45%左右，高于普通菜籽、棉籽，是高含油量作物，有人称它为夏播油菜。苏子油富含α-亚麻酸，是常见植物油油脂中含量最高的一种，一般在50%以上，高的可达60%以上，是优质保健油，同时亦是优良的干性油，在化工如油漆、涂料、油墨等领域用途广泛。种子榨油后的饼粕是优质高蛋白饲料。苏子根系发达、枝叶繁茂，具有较强的保持水土能力。苏子是一种集食用、医疗保健、化工、饲料、水土保持等于一体的特种经济作物，综合利用价值高。

苏子油在我国食用自古有之，《齐民要术》和《天工开物》中均有记载，但长期以来对苏子油的生理功能很少进行比较深入的研究。苏子栽培在我国没有形成一定的规模，以前国内市场上很少能见到苏子油产品，目前湖北省蕲春县已成功地大面积种植白苏，蕲春县李时珍保健油总公司已有数种时珍牌苏子油产品进入保健油市场。韩国、日本等国已将苏子油加工成天然保健制品推向市场。

目前，世界上许多国家如日本、加拿大、前苏联等都很重视苏子的综合利用研究和开发，美国也将大量投资对苏子油所具有的抗癌抑癌效应进行研究和开发。从发表的文献资料情况来看，过去我国对苏子的研究很少，近些年来有所增加，但总体水平尚处在起步阶段。鉴于苏子所具有的经济和医疗保健价值，应加大对苏子综合利用的研究开发力度，其市场前景也将十分广阔。

76. 主要有哪些环境条件影响苏子的生长发育？

苏子适应性广，抗逆性强，对土壤、气候及栽培条件要求不严，我国北纬42度以南的广大地区都有零星分布，荒坡、沙滩、沟边、路旁均可种植，在沙土、壤土以及粘土均能正常生长。苏子抗寒、抗旱、耐瘠、耐湿、耐阴，种子能抗 – 17℃的严寒，刚出土的幼苗可抗 1～2℃的低温，结实灌浆期在不低于 12℃条件下照常成熟。在少雨干旱季节，种子能正常出苗。安徽省农业科学院进行苏子的抗旱性试验,在干旱时期移栽,苏子幼苗成活率在95%以上。上海市五四农场农科站1986~1988年对苏子生长发育特性进行研究,试验区域6月份降水量达到167~220毫米左右时,苏子的生长不受影响;栽植在日光明显不足的农舍宅后,两次刈割,具有较强的再生能力。苏子茎、叶、花含有的挥发性成分,可有效地避免虫害、鼠害及家畜危害。

77. 我国苏子生产主要有哪些优良品种?

苏里娜:苏里娜有人称之为油王苏里娜,1986年江苏省引进的优良品种。主根发达,须根密布于表层土,秆硬,密披茸毛,主茎上着生成对分枝10~16对,分枝上再成对抽生二次分枝,形成庞大的分枝层;叶色以绿为主,少数叶背略红,全株叶片大小悬殊,叶型变化小,叶尖卵圆形,花为白色或淡紫色,籽粒以灰白色为主,少数淡褐色,千粒重3.5~4.4克。较耐瘠、耐盐碱,在含盐量0.1%以下的土壤上仍能成活,耐旱性较强,耐阴不耐渍。籽粒含油量44.0%~48.5%,种皮薄,易压榨浸提。油味醇香,可与麻油媲美。碘值在南京地区为170~180,每毫克酸值0.71毫克氢氧化钾,折光率1.4802,α-亚麻酸含量50.7%~60.2%。

栽培要点:可直播也可移栽,可单作亦可间作套种。与玉米间作,一般每亩产量120~130公斤,纯作每亩产量140公斤。播种期为4月至6月初,直播每亩用种0.25~0.4公斤,育苗每亩苗床用种0.8~1.0公斤,可移栽10~15亩大田。种植密度随种植方式而异,纯作每亩2 500~3 000株,与玉米间作以每亩2 000株左右为宜。直播田在苗后期、移栽田于苗成活后进行一次性施肥，每亩可施尿素10公斤、过磷酸钙10公斤。苗期注意防治地下害虫，后期防治卷叶蛾等。适时收获，防止鸟食和籽粒脱落。

78. 如何安排苏子的茬口？其种植方法有几种？怎样做到合理密植？

苏子可单作，也可与玉米、高粱等间作。移栽可安排在小麦收获的麦茬田中。在轮作中应配套在中耕作物区内，播在冬季结穗作物之后。

苏子的种植方法主要有直播、育苗移栽和扦插3种方法。

直播：3~6月份播种均可，但应力争早播，3月底4月初播种较为适宜。有关试验表明，春播比夏播产量显著提高。播种方式采用条播和点播均可，在土壤中播种深度以不超过3~4厘米、粘土不超过2~3厘米为宜，行距45~50厘米，每亩播种量0.4~0.5公斤，每亩留苗2 500~3 000株。

育苗移栽：苏子育苗可专用苗床，亦可利用空隙地早播稀植，培育壮苗。育苗移栽，苗龄不可过长，以25~30天、株高15~20厘米较宜，苗龄过长植株过高，移栽时易折断，不利于培育壮苗。每亩移栽量2 500株左右，移栽后及时浇水、追肥，促进早发早育。

79. 苏子对养分有何需求？如何做到科学施肥？怎样进行田间管理？

苏子喜肥，施用氮、磷、钾肥可显著提高苏子产量。在较贫瘠的土地上，直播或移栽前必须施足底肥，可每亩施用农家肥 1 500 ~ 3 000公斤，尿素 5 ~ 8 公斤，过磷酸钙 40 ~ 50 公斤，硫酸钾 10 公斤。7 ~ 8 月份是苏子生长旺盛期，应适时合理追肥，孕蕾前，可每亩追施尿素 7 公斤，过磷酸钙 10 公斤。

苏子直播或移栽前，结合整地施足底肥，使地块平整，土质疏松，土壤颗粒细致均匀。苏子直播后 10 ~ 12 天出苗，出苗前如土壤表层板结，必须轻耙破除板结层，出苗后要及时查苗补苗以防缺苗。移栽苗叶片颜色恢复新鲜、生出新根，应停止浇水，进行蹲苗促进分枝。苏子苗期生长缓慢，难以抑制田间杂草，每亩可用 150 毫升 12% 恶草灵对水 45 公斤进行喷洒，可有效防除一年生禾本科杂草及阔叶杂草。苗高 30 ~ 35 厘米时追肥 1 次，每亩施尿素 7 ~ 10 公斤，并结合培土，以防倒伏。

80. 如何进行苏子病虫害的防治？

苏子的病害主要有白粉病、锈病、褐斑病等，白粉病和锈病，可用 5% 的托布津 1 500 倍液进行防治，连续喷洒 2 次，每隔 7 天喷 1 次；叶片上如出现褐斑病，可用 1：1：120 的波尔多液喷洒防治。

苏子的主要害虫有卷叶蛾、粘虫、金龟子等，卷叶蛾和粘虫用敌杀死每亩 20 ~ 30 毫升对水 30 ~ 40 公斤喷洒防治，7 ~ 9 月可用 1.5% 的 "1605" 粉喷施防治金龟子危害。此外如发现有蚱蜢、小地老虎危害，要及时采取措施防治。

81. 如何进行苏子的收获和贮藏？

苏子的收获应根据不同的需要，采收苏子不同部分来确定采收期，如用全叶作药用，要在大暑至立秋间选晴天收割，原株晒干或切成 1 厘米长片晒干。用苏梗片的要在白露后开始收割，切成均匀薄斜片晒干。

采收种子，收获期要严格掌握，收获过早，瘪粒增多，降低籽粒中油脂含量，游离脂肪酸增多，影响产量和油品质；收获过迟则籽粒易散落和受鸟类危害，影响产量，丰产不丰收。收获期一般在植株下半部叶片变黄、中部叶片开始变色、上部果穗蒴果部分籽粒呈褐色或灰色有网纹时，可立即开始收获。收获期要尽量缩短，收获时要注意轻割轻放，轻运至晒场后晒 3~4 天即可脱粒，再行清理。

苏子种子贮藏水分以不超过 9% 为宜，种子应贮藏在干燥通风良好的仓库内，仓内最好先进行消毒处理，袋装或散堆贮藏均可。散堆厚度不要超过 1 米，袋装贮藏时堆成垛，并留出通道，供人行走并经常检查贮藏状况。

第六部分 芝 麻

82. 发展芝麻生产的前景如何？

芝麻在我国已有2000余年的栽培历史，是传统的优质作物。由于其在食品、医药、保健和工业上有多种用途，以及在农业生产和出口方面的作用，发展芝麻生产前景广阔。

（1）我国是喜食芝麻油及芝麻制品的国家，但人均芝麻占有量很低，多年来一直在0.5公斤左右，因此市场潜力很大。

（2）芝麻适应性较强，产量潜力较大，正常年份亩产可达70公斤以上，加之价格较高，因而种植芝麻的经济效益是可观的。

（3）种植芝麻可使后作增产增收。芝麻的叶片、花等落入地中，能增加土壤肥力。芝麻生育期短，种植后腾茬早，有利于轮作换茬、整地和后作及时播种，俗话有"芝麻茬小炕堡"之称。所以芝麻茬种小麦、油菜，在同等条件下，一般能增产1~2成。

（4）芝麻是我国传统出口产品，出口量曾占世界总输出量的一半以上，近年来出口量仍较大。随着我国加入世界贸易组织，芝麻的出口量将会明显增加。

总之，发展芝麻生产对改善我国食油结构，提高人民健康水平，活跃城乡经济，改良培肥土壤，促进农作物全面增产增收和出口创汇等方面均具有十分重要的意义。

83. 目前生产上主要有哪些优良白芝麻品种？

（1）中芝8号。中国农业科学院油料作物研究所以中芝7号之二为母本，江陵永光兴芝麻为父本经有性杂交定向选择培育而成。属单秆型，一叶3花，同株蒴果4、6、8棱混生。植株较高，茎秆粗壮，始蒴部位较低，果轴结蒴较密，每蒴100粒左右，种皮白色。该品种适宜于夏播两熟制地区种植，在3熟制地区也能适应，全生育期90~95天。较耐晚播，秋播生育期80天左右。该品种耐渍性强，产量较稳，一般单产60~80公斤，最高达136.4公斤。种子含油量56.34%，蛋白质含量22%左右。夏播每亩留苗10 000株左右，秋播12 000株左右。早播高产栽培时，要追施好苗期平衡肥料。

（2）中芝10号。中国农业科学院油料作物研究所利用中芝5号×[（紫花叶二三×中芝1号）×遂平小籽黄]×（中芝5号×柘城铁股权）复合杂交育成。属分枝型，一般分枝4个左右。植株高大，茎秆粗壮，一叶3花，蒴果4棱，每蒴种子65粒左右，种皮纯白，是油用、食品加工和出口的理想品种。适宜在鄂、豫、皖、赣、桂、黔等省区种植。全生育期90~100天，秋播85天左右。该品种抗旱、耐渍性强，抗（耐）茎点枯病和枯萎病，不易倒伏，耐重茬性也较好。一般亩产70~85公斤，最高达155.9公斤。种子含油量55.88%，蛋白质含量23.58%。生产上要早间苗、定苗，强调合理稀植，正常夏播每亩6 000~7 000株，秋播8 000~10 000株。成熟时茎果呈黄色，不易裂蒴。

（3）豫芝4号。河南省驻马店地区农业科学研究所用宜阳白作母本，驻芝 1 号作父本杂交选育而成。属单秆型，植株较高大，一叶 3 花，蒴果 4 棱，蒴果中等长度，每蒴 60 多粒种子，千粒重 3 克以上，种皮白色，含油量 55% 左右。豫芝 4 号适宜在长江以北春夏芝麻产区种植，在陕西省也有种植（定名引芝 1 号）。全生育期 90 天左右，属中早熟品种。该品种耐旱性、抗病性和稳产性表现较好。一般亩产 60～75 公斤，最高单产 148.3 公斤。适宜播期 5 月底至 6 月初，在高产栽培时要施足底肥，增加磷钾肥用量，使茎秆粗壮，抗倒性增强。

（4）豫芝 8 号。河南省芝麻研究中心以宜阳白×光华一条鞭杂交育成。属单秆型，植株高大，茎秆粗壮，抗倒伏。叶色浓绿，花冠粉红。一叶 3 蒴，蒴果 4 棱。节间短，果轴长，千粒重 3 克左右。适宜在河南春播及夏播区种植，在临近省份试种表现也较好。属中早熟品种，生育期 87～90 天。高抗茎点枯病、叶斑病，抗枯萎病，耐渍耐低温性好。一般亩产 50～75 公斤，丰产栽培可达 100～150 公斤。种子含油量 55.59%。夏播以 6 月 15 日前为适宜播期，春播每亩留苗 10 000 株左右，夏播随播期推迟可适当增加密度，一般每亩 12 000～15 000 株。底肥以磷、钾肥为主，每亩 15～20 公斤，蕾花期每亩追施尿素 5～7 公斤。

（5）鄂芝 1 号。湖北省襄樊市农业科学研究所利用"82-262"为母本、中芝 8 号为父本经有性杂交而成。属单秆型，一叶 3 花，蒴果 4 棱。植株较高，茎秆粗壮，叶色深绿，蒴果密，单株结蒴 150 个左右，蒴粒数 65 粒，千粒重 3 克左右，种皮白色。适宜在湖北及临近地区种植，全生育期 95 天左右。适宜播期为 5 月中、下旬至 6 月上旬，种植密度为 9 500～10 000 株/亩。

（6）豫芝 10 号。河南省驻马店地区农业科学研究所以日本的小林二号和自选亲本 48-2 经有性杂交选育而成。属单秆型，植株较高，始蒴部位较低。开花早，一叶 3 花，蒴长中等，蒴果 4 棱。籽粒白色，千粒重 2.61 克，含油率 55.68%。对枯萎病、茎点枯和病毒病抗性较强。一般亩产 80 公斤左右，高产田块达 141.5 公斤。黄淮平原春播播种期一般为 5 月中、下旬，夏播为 6 月上旬，以 6 月 5 日前为最佳播期。高肥地每亩留苗 8 000 株，中等肥力地 12 000 ～ 14 000 株，早播田比晚播田留苗适当稀些。

（7）冀芝 3 号。河北省粮油作物研究所以 6309-2-4（塔什干×北京霸王鞭）为母本，以小马村一窝猴为父本杂交选育而成。属单秆型，始蒴部位较低，一叶 3 花，蒴果 4 棱。种皮白色，千粒重 2.8 克左右，含油量 57.1%。适合河北及临近省区部分地区种植。为夏播品种，生育期为 87 天，也可春播，生育期 105 天。茎秆坚韧，抗倒伏和抗病性较强，一般亩产 60 ～ 75 公斤。夏播以 6 月中旬前播种为宜，春播则在 5 月上旬为好。一般栽培密度为每亩 10 000 株，肥力较好的地块可适当稀植，每亩 8 000 ～ 10 000 株。

（8）晋芝 2 号。山西省农业科学院经济作物研究所从农家品种祁县三角芝麻的变异株中系选而成。属单秆型，株高一般 150 ～ 170 厘米，茎秆粗壮，一叶 3 花，蒴果 4 棱。叶色深绿，花色微紫，蒴果密集，始蒴部位较低。蒴粒数 80 粒左右，种皮白色，含油量 55.28%，蛋白质含量 26.92%。该品种在山西中北部地区适宜春播，生育期 120 ～ 127 天；在山西南部可以夏播，生育期 90 ～ 95 天。该品种抗旱、耐湿、抗倒伏，高抗枯萎病和茎点枯病。品系比较和生产试验结果，该品种亩产 60 ～ 70 公斤。春播适宜播期为

5月上、中旬，施肥氮、磷比为2：1，种植密度10 000～12 000株/亩。苗期应及时防治小地老虎。

84. 目前生产上种植的主要黑芝麻品种有哪些？

（1）中芝9号。中国农业科学院油料作物研究所用新疆黑芝麻与中芝7号经有性杂交育成。属分枝型，一般分枝3～4个。植株较高，茎秆粗壮，一叶3花，同株蒴果4、6、8棱混生，每蒴种子80粒以上，种皮乌黑，商品价值高。该品种主要适宜于夏播两熟制地区栽培，在江淮及南方表现较好。全生育期90～95天，秋播80天左右。该品种耐渍性、抗（耐）茎点枯病较强，一般亩产60～75公斤，与白芝麻良种中芝7号相似，最高达107.4公斤。种子含油量47.53%，蛋白质含量21.36%。种植密度夏播为每亩7 000～8 000株，秋播8 000～10 000株。生长后期要注意防治芝麻盲蝽象的危害。

（2）武宁黑芝麻。江西省武宁县农家品种，属单秆型，植株较矮，一般100～140厘米左右。茎秆粗壮，始蒴部位较低。一叶3花，蒴果4棱，节间较短，结蒴较密，株蒴数较多。每蒴种子60～70粒，千粒重2.5克左右，种皮纯黑色。种子含油量52%左右，蛋白质含量21.32%。该品种主要分布于江西，其临近省份种植也较适应。属中熟品种，全生育期90～100天。耐旱、耐渍、抗病性均较强，产量较高，稳产性较好。成熟时蒴果仍呈绿色，不易裂蒴。适宜密植，夏播可稀，秋播宜密，每亩留苗10 000～15 000株。生产上要注意清沟排渍，防治病害。

（3）赣芝2号。江西省上饶地区农业科学研究所从农家品种波阳黑中的变异单株经多代系选育成。属分枝型，株高120厘米左右，茎粗中等，叶色深绿。植株生长健壮，花期集中，成熟时茎秆黄色。一叶1花，蒴果4棱，中长蒴。每蒴约60粒种子，千粒重2.9克左右，种皮黑色。种子含油量50.04%，蛋白质含量26.03%。夏播秋播均适宜，5月下旬至7月中、下旬为播种期，全生育期80天左右。该品种耐旱性较强，耐渍性中等。适宜江西省平原、丘陵岗地及临近省区部分地区种植。

（4）宁芝2号。江苏省南京农业科学研究所从江苏地方品种丹阳黑中系选育成。属分枝型，株高150～160厘米，始蒴部位较低，叶片深绿。一叶1花，蒴果4棱，单株结蒴70～80个，每蒴种子55粒左右。种皮乌黑，千粒重2.6克左右。种子含油量48.60%，蛋白质含量23.50%。耐渍耐旱性较强，高抗枯萎病，中抗茎点枯病，抗倒伏较强。夏播以5月下旬至6月上旬为宜，高肥水平每亩6 000株，中肥水平以7 000～8 000株为宜，全生育期90～95天。一般要求中等以上肥力水平，注意防治地老虎、蚜虫和盲蝽象等。

（5）冀9014。河北省农林科学院粮油作物研究所以温仁黑芝麻作母本，冀芝1号白芝麻作父本杂交选育而成。属单秆型，株高150厘米以上。一叶3花，蒴果4棱，单株结蒴109个，每蒴75粒，千粒重3.0克，种皮乌黑。种子含油量48.07%，蛋白质含量23.3%。适宜在河北全省及河南、山东、内蒙古、山西等省（区）部分地区种植，夏播生育期85～92天，春播100～110天。抗病性较强，对枯萎病、茎点枯病均有较好的抗性。

85. 为什么轮作换茬有利于芝麻的生长发育？

芝麻宜种植在地势高燥不渍水、灌溉方便、茬口早、不重茬的地块。芝麻忌重茬，重茬主要是病害发生严重，对生长发育有很大的影响。据中国农业科学院油料作物研究所在所内的调查，品种"786"在正茬地上感病率为2%，死苗率为0，而重茬地分别为70%和34.5%；正茬地亩产85公斤，而重茬地仅35公斤。随着重茬年份的增加，病害逐年加重，减产幅度也越来越大。所以生产上要求间隔2年以上才能再种一次，强调"三调茬"，群众也称"4年两头种"。芝麻需要轮作，但如某年确实换茬有困难，可以连种一次，但不能继续连作或乱茬（隔年种植）。芝麻最好能与谷类作物、豆类作物、棉花或薯类作物轮作，这样能减轻病害感染，同时也使土壤肥力得到恢复与提高。

轮作换茬的好处，一是预防病害。芝麻的一些病害主要靠土壤传播，而病菌能在土壤中存活很长的时间。连年种芝麻，病菌的繁殖则越来越多，影响则越来越重。隔一定年限不种芝麻，由于缺少了寄主，病菌将逐渐失去活力或死亡，病害就会明显减轻或不发生。二是可做到用地与养地相结合。轮作换茬可合理利用土壤肥力，使前后作均丰收。芝麻根系入土较浅，多数根系分布在20厘米土层内。其他作物如豆科作物、粮食作物、棉花等，它们的根系可达不同的土层，对氮、磷、钾等肥料的需要量与芝麻也不同，豆科作物还具有固氮恢复地力的能力。如果和这些作物倒茬，就可以全面合理地利用土壤各土层的各种养分。如连年种芝麻，土壤中上层的肥力，特别是氮、钾肥的数量就会越来越少，逐渐难以满足生长的需要。

86. 芝麻有哪些轮作方式?

自北向南,我国芝麻有春、夏、秋播之分,形成了不同的轮作倒茬方式。春芝麻主要分布于华北、东北等地,为1年1熟或2年3熟。常采用的轮作方式有:

(1) 玉米—芝麻—小麦—大豆—高粱

(2) 大麦—芝麻—小麦—玉米—小麦

(3) 大豆—芝麻—小麦—花生

(4) 棉花—芝麻—小麦—玉米

(5) 高粱—小麦—芝麻—小麦

夏芝麻包括长江和淮河沿岸的地区,是我国芝麻主产区,为1年2熟或3年5熟。前茬以小麦、大麦、油菜、蚕豆等为主,主要轮作方式有:

(1) 小麦—芝麻—小麦—大豆

(2) 大麦—芝麻—小麦—玉米

(3) 油菜—芝麻—小麦—棉花

(4) 小麦—芝麻—油菜—花生

(5) 蚕豆—芝麻—小麦—甘薯

秋芝麻包括我国东南部的江西、浙江、福建、广东等省,为1年3熟制,黑芝麻面积较大。轮作方式有:

(1) 大豆—芝麻—油菜—棉花

(2) 早稻—芝麻—油菜—花生

(3) 大麦—大豆—芝麻—小麦

(4) 蚕豆—大豆—芝麻—油菜

除轮作倒茬外,我国芝麻还有与大豆、绿豆、甘薯、花生、棉花等作物间、混作的习惯,这样能有效利用温、光、肥资源，增加单位面积作物产量。

87. 如何进行土壤的整地准备工作？

我国芝麻整地因种植结构和栽培措施不同，有灭茬和不灭茬2种方式。在黄淮平原，群众因小麦收后较忙，这时温度高，墒情亦较差，为了抢墒和抢早播种，在小麦收后直接用耧条播，群众称之为铁茬播种。这种方式能一播全苗，但耕作粗放，栽培管理难度较大。出苗后要及时中耕灭茬，加强田间管理和肥水供应。

我国大部分地区为整地播种，良好的整地质量对芝麻这种小粒种子作物来说比其他作物显得更为重要。这种方式有利于施足底肥，创造疏松的土壤环境。

就一般土壤含水量的情况来说，整地采用的措施取决于土壤质地。壤土上整地，由于质地较疏松，保水性能好，达到好的整地质量较为容易，播种之后耙耱掩籽收墒即可。砂壤土土质疏松，宜耕性好，但土壤保水性差，深耕会跑墒更快，所以要求随犁耙随播，立即耙耱掩籽收墒。粘土的宜耕性差，不容易碎土平整，所以在耕种时，要求密犁，重耙，并及时播种。

春芝麻地一般为冬炕地，需于前作收获后及时进行秋耕、冬耕并力求深耕，这样可改善土壤结构，创造适宜土壤环境。夏秋芝麻强调抢墒整地，是由于夏季温度较高，水分蒸发快，易跑墒。所以必须趁土壤含水量适当时，进行耕作，耕深15～20厘米，把土壤水分保持起来，不宜深耕。整地要及时，一般茬子不过夜，否则就有缺墒整不好地、出不好苗的危险。

芝麻地要窄厢深沟，厢面要平整，呈龟背形；厢沟、腰

114

沟、围沟和地外排水沟沟沟相通，这是防治芝麻渍涝的重要措施。

88. 芝麻为什么要施用底肥？

芝麻是一个比较喜肥的作物，对施肥有良好的反应。据试验，在正常情况下，每生产100公斤芝麻籽消耗氮（N）为7~8公斤，磷（P_2O_5）为2~3公斤，钾（K_2O）为6~7公斤。芝麻的根系入土不深，要求表土层肥沃。施用底肥，可改善土壤结构，使土壤空气流通，增强土壤中有益微生物活动，使土壤保水保肥能力得到提高。施足底肥，可使芝麻幼苗生长健壮，并满足生长发育全过程所需的大部分养料。腐熟的有机肥是芝麻最好的肥源，其养分完全，并具有改良土壤结构的作用。底施有机肥，其分解释放出来的有效成分，能源源不断地供给芝麻生长发育的需要，增产效果极为显著。据中国农业科学院油料作物研究所在湖北襄阳的试验，每亩底施农家肥3 000公斤，307亩平均单产达131公斤。

芝麻的根系在土壤中的分布较浅，施肥以浅施为宜，一般为10~17厘米，而深施效果反而不佳。底肥施用量的多少，可根据土壤肥力、肥料种类、品种耐肥性能和产量水平而定，通常每亩施农家肥2 500~3 000公斤。

在氮、磷、钾三要素中，以氮素和钾素的需要量最大，其次是磷素。因此，在氮素缺乏的地区，需增施氮肥，化肥可用碳铵、硫铵、尿素等。在土壤有效磷、钾含量缺乏的地区，增施磷、钾肥，如过磷酸钙、钙镁磷肥、硫酸钾、氯化钾等，也能明显提高产量。

除施好氮、磷、钾三要素外，还要施一定数量的硼、锌等微量元素肥料。在酸性土壤上施用石灰、草木灰等作基肥，可以中和土壤酸性，改良土壤物理性状。

89. 如何选用优良种子？播种前怎样做好种子准备？

优良的芝麻种子是获得高产的基础。优良种子的标准，一是要纯度高，从品种选育单位或正规种子经营部门购进种子，即使是自留种子，也要选留纯度高的。二是种子外观色泽要纯正，籽粒饱满，无异色，无病虫危害，无杂质。三是种子要新鲜，发芽率要高。

播种前须做好如下的种子准备工作。

（1）晒种。播前晒种可以提高种子活力，增强发芽势，促使出苗整齐，幼苗生长健壮。一般是播前 1～2 天在阳光下均匀曝晒。

（2）选种。常用方法有两种，一是风选，用风车或簸箕，除掉瘪籽、杂质等。二是水选，在播种前选晴好天气，用清水漂选，除去浮在水面上的瘪籽和杂质。

（3）发芽试验。为了解种子活力，必须于播前做发芽试验。发芽率在 90% 以上为安全用种，70% 以下者不可采用，如无种子更换，就必须加大播种量。

（4）种子处理。为了防止病害的发生，须进行种子处理。常用的方法，一是温汤浸种，用 55℃ 温水浸种子 10～15 分钟；二是药剂消毒处理，用 50% 多菌灵可湿性粉剂 5克，加水适量，调成糊状，与 0.5 公斤种子充分拌匀，晾干后播种，可以有效杀死芝麻种子所带病菌和预防土壤内的病原感染。

90. 芝麻的适宜播种期是何时？

芝麻适时播种极为重要，播种过早，由于地温过低，发芽缓慢，容易引起烂种与缺苗，即使出了苗，也因气候影响而生长不好。播种晚，不仅延迟了收获期，更主要的是不能在时间上争取最有利的生长季节，因此造成产量降低和影响种子质量。

北方春播区芝麻适宜播期为5月上、中旬。据河北省农林科学院粮油研究所的试验，5月5日和5月10日2次播种的长势较好，产量较高，单株结蒴 76.9 ~ 89 个，单产 59 ~ 60 公斤。河南早芝麻产地，也不能播种过早，否则发芽迟缓，幼苗容易感病，遇到低温会引起冻害，苗期生长极缓。

夏秋芝麻强调早播，早播是高产的基础。据中国农业科学院油料作物研究所在淮北平原的播期试验结果，夏播芝麻在5月下旬至6月上旬为适宜播种期。5月底后随播期延迟，单株蒴果数和种子产量随之下降。秋芝麻一般在7月上、中旬播种。

91. 芝麻有哪几种播种方法？其播种量如何？

芝麻有 3 种播种方式，即撒播、条播和点播，生产上主要采用前 2 种方法。

一是撒播。在整地质量较高，技术熟练的情况下，可采用撒播。群众的经验是拌少量芝麻大小的砂子或泥土，一般撒2遍，以使播种均匀。该方法籽粒能充分分散开，播种速度快，覆土浅，出苗快，幼苗健壮。但出苗后管理难度较大，留苗稀密不好控制。如果表墒不足，不易齐苗。播种量一般

117

为每亩0.3~0.4公斤，多的可达0.5公斤左右。

二是条播。可以灭茬整地播种，也可以铁茬播种，常采用等距或宽窄行。我国部分国营农场用谷物条播机，河南、河北等地农民用耧或畜力条播器播种。等行条播行距为30~35厘米，宽窄行条播行距依情况确定，如宽行为50厘米，窄行可定为30厘米。条播下籽均匀，深浅一致，出苗成行，管理方便，易控制密度。但出苗后应早间苗，以防苗挤苗、苗荒苗。条播播种量每亩0.4~0.5公斤。

三是点播。我国晚芝麻地区以及种子量少、种植面积不大的农户采用此方法的较多。根据密度定出行距和株距，开穴或开沟点播，盖土杂粪。播种量为每亩0.25公斤左右。

92. 如何在各种不同的土壤墒情下做到芝麻一播全苗？

"墒情"就是土壤水分的情况。芝麻对土壤水分要求比较严格，反应比较敏感。土壤的墒情可分为4种：满墒、适墒、黄墒和缺墒。"满墒"就是超过了田间最大持水量，土壤孔隙为水分饱和，缺乏空气，不利于种子萌发出苗；"适墒"就是砂壤土含水量在6%~12%以内，壤土及粘土在12%~20%以内，土壤中水分和空气都能满足种子萌发的需要，适于种子出苗；"黄墒"就是一般表土层稍干燥，而下面土层仍有较适合的含水量；"缺墒"是土壤含水量已低于种子萌发时所需要的水分，种子不能出苗。

适墒是芝麻播种的最适宜墒情，只要抓住时机，及时播种，是很容易做到一播全苗的。芝麻宜浅播，忌深播，一般播种深度为3厘米。若播种深了，幼苗出土时间长，养分消耗多，苗子瘦弱，或遇大雨土壤板结，幼苗难以出土而闷死。满墒由于超过芝麻所需的水分，是不适宜播种的，应晾墒，等达到适墒时再播种。黄墒情况下，必须抢墒，整地播种时尽量使湿土层不外露。生产上的播种方法是用锄头或长齿耙松土后播种，也有用小铧串种、3齿耘锄串种、机耕圆盘耙耙地后播种。黄墒也可先浅耕耙后及时镇压，而后用耧或条播机偷墒播种。黄墒情况下可适当深播，但也不能超过5厘米。缺墒情况下抢种，在有水利条件的地区，应先灌溉，后晾墒，地表发白时立即翻耙播种；在没有水利条件的地区，可采用"双保险"播种法。即土壤经过整地，先将一部分种子条播或撒播于较深的土层中，然后耙地，随即把剩余的种子撒播于较浅的表土层中，播后耙糖掩子收墒。这样天旱时，播在深土层的种子可借助深土层的水分萌发出苗；如播后遇雨，播在浅土层的种子可以出苗。

93. 芝麻为什么要间苗、定苗？什么时候间苗、定苗比较合适？

芝麻是小籽作物，在正常情况下，播种出苗后，每亩地有几万甚至十几万苗子，幼苗长起来后，如不及时间苗，很容易出现苗荒苗。"苗荒不见面"，说明出苗后必须及时间苗，防止幼苗生长拥挤，苗间争光、争水、争肥，引起线苗，形成瘦弱苗、黄化苗，容易因营养不足和宜发生虫害而出现枯苗死苗等现象。第一次间苗宜早，群众的经验是"想吃芝麻油，先破十字头"，因此一般1对真叶时间第一次苗，第2~3对真叶时间第二次苗。芝麻一般在3~4对真叶时定苗，如果定苗过早，遇到病害或虫咬，易发生缺苗；如定苗过晚，常造成光照不足，植株徒长，浪费养料，易形成高脚苗。在病、虫等自然灾害严重的年份和地方，应适当增加间苗次数，待幼苗生长较为稳定时，再行定苗。如果为了早定苗，可于定苗前撒毒饵防止地老虎等害虫危害。间苗、定苗的原则是"密留稀，稀留密，不稀不密留壮的"。

94. 芝麻适宜的种植密度是多少？

芝麻种植密度的安排应考虑播种时间、土壤肥力和品种特性3个主要因素。分枝型品种由于主茎和分枝蒴果数均与产量密切相关，无论增加分枝或主茎蒴果数均能增加单株蒴果数量，提高单株种子产量。而单秆型品种所占空间一般低于分枝型品种，因此单秆型密度比分枝型要大。

早播，肥力水平高，应适当稀植。如5月底前播种的夏芝麻，土壤肥力高或前茬施肥量较大，分枝型每亩定苗6 000～7 000株，单秆型为8 000～10 000株。如6月初播种的夏芝麻，肥力水平高，分枝型品种每亩定苗7 000～8 000株，单秆型9 000～11 000株。在6月上旬播种的麦茬芝麻，如肥力中等，分枝型品种每亩定苗8 000株左右，单秆型11 000～12 000株。6月底7月上旬种植的秋芝麻，前茬为早春作物地，有效生育期短，生育后期气温偏低，一般种植较早熟的品种，在肥力水平一般的情况下，分枝型每亩定苗9 000～12 000株，单秆型为12 000～15 000株。

95. 如何利用化学除草技术防除杂草？

在夏季种植芝麻的时候，正是高温多雨季节，杂草的萌发出土和生长非常迅速，而芝麻在幼苗期生长缓慢，往往因竞争不过杂草而出现草荒。据试验，化学除草技术可有效控制或消灭芝麻杂草。

芝麻化学除草有如下的几种方法：

（1）播前土壤处理。氟乐灵，是选择性芽前土壤处理剂，对芝麻安全，在田间药效时间长，喷1次药可基本控制芝麻生育期的杂草危害。方法是在芝麻播种前3～5天，砂质土壤及有机质含量低的田块，每亩用48%氟乐灵乳油80～100毫升，粘质土壤及有机质含量高的田块，每亩用量100～150毫升，对水30～50公斤，均匀喷雾土表，并立即耙地。

（2）播后芽前土壤处理。①都尔（异丙甲草胺），为选择性芽前土壤处理剂。在芝麻播种后出芽前，一般每亩用72%都尔乳油90～130毫升（壤土可加至130～180毫升，粘土180～220毫升），对水50公斤，均匀喷雾土表。都尔的田间持效期为50～70天，对芝麻和后茬作物都很安全。②拉索（甲草胺），可防除一年生禾本科杂草和一些阔叶杂草。芝麻播后芽前，砂质土壤每亩用48%拉索乳油150～250毫升，粘质土壤250～300毫升，对水40～60公斤，喷雾土表。此外，河南省农业科学院植物保护研究所每亩用50%拉索乳油100毫升加敌草隆可湿粉100克，或每亩用48%地乐安乳剂200～250毫升，对水50～75公斤喷洒，除草效果均达90%以上。

（3）苗后茎叶处理。①收乐通，为高选择性、内吸传导型芽后除草剂，在杂草生长旺盛期使用，可防除许多一年生和多年生禾本科杂草。每亩用12%收乐通乳油25～35毫升，对水20～30公斤，均匀喷雾。②盖草能，为内吸传导型选择性苗后除草剂，对禾本科杂草有效。在芝麻出苗后，禾本科杂草3～5叶期，每亩用10.8%高效盖草能25～30毫升，对水30公斤，均匀喷雾。喷药要均匀，不能重喷和漏喷。此外，华阳河农场用35%稳杀得和12.5%拿扑净苗期茎叶喷雾，除草效果亦很好。

96. 芝麻田为什么要进行中耕锄草？怎样进行中耕锄草？

芝麻为浅根系作物，在生长过程中，尤其是苗期要求有疏松的土壤环境。农谚有"锄头有三宝，有水、有火、能锄草"。中耕锄草可蓄水保墒，提高地温，防除草荒、苗荒，促使壮苗。芝麻苗期中耕次数和深度，应根据情况灵活掌握，一般依当时的天气、土壤墒情和苗情来确定。晴天宜锄，可松土保墒，雨后适时锄，当表土发白时进行，可破除板结。切忌雨前锄，否则易发生渍害。从土壤墒情来说，群众有"干锄谷子湿锄花，不干不湿锄芝麻"的经验，说明芝麻要在墒情较好时中耕。如土壤太干，锄地裂土容易伤根；土壤太湿，泥粘锄，则地面不平，既容易跑墒，又容易雨后受渍。从苗情来说，结合苗龄和根的生长情况确定中耕次数和深度。芝麻出苗到始花以前，一般中耕除草 3～4 次，中耕的深度是浅、深、浅。当芝麻幼苗出现第一对真叶时进行第一次中耕。此时根少，入土浅，只需浅锄松土。第二次中耕，在 2～3 对真叶时，根系生长已达到一定的深度，中耕松土可加深到 6～7 厘米。在干旱时可稍浅锄，土壤湿度稍大时可稍深锄。第三次中耕是在幼苗有 4～5 对真叶时，这时根系生长要求有较厚的松土层，中耕深度为 7～10 厘米，并结合中耕定苗。杂草较多或土壤较粘重的地块，也可于始花前进行一次浅中耕。芝麻封行以后，停止中耕。

97. 芝麻需要追肥吗？怎样追肥效果最好？

芝麻以开花结蒴期生长最迅速，此时营养生长和生殖生

122

长同时并进，吸收的营养物质占整个生育期间的 7～8 成。由于底施氮肥过多容易使幼苗旺长，形成高脚苗，因此一般只用部分氮肥作底肥。为了能满足中后期植株生长发育的需要，使芝麻花期生长旺盛，积累更多的光合产物，增加花蒴的数量，后期稳长不早衰，使籽粒充实饱满，必须进行追肥。芝麻追肥必须掌握追肥时期和方法。

关于追肥时期，群众有看苗施肥、狠抓花肥的说法。在苗势很差或幼苗大小相差较大时，可先少量追施提苗肥或偏施，以稀释腐熟的人粪尿或尿素效果好。"芝麻苗碗口大"时正是花芽分化时期，这时追肥效果最好。追肥以氮肥为主，磷、钾肥为辅。芝麻进入花期，侧根已开始大量形成，根系的吸收能力增强，植株的生长速度加快，对养分的需要量也显著增加，必须适时重施花肥，以化肥较为方便，也可施用腐熟的饼肥、粪肥、厩肥等。条播时应在行中间开沟条施或点施，施入 10 厘米左右土层中，以利根的吸收，施后覆土，清除田间杂草。在撒播情况下，除腐熟的饼肥或颗粒状尿素可掺土撒施，随即中耕松土掩肥外，其他各种化肥都应该开穴点施，切忌撒施，如硫酸铵为粉末状，硝酸铵易潮解，都容易粘附在芝麻叶片茸毛上，引起烧苗。天气干旱时，施后灌水，才能充分发挥肥效。

98. 微肥对芝麻生长发育有何作用？如何施用微肥？

芝麻在生长发育过程中以吸收氮、磷、钾为主，但微量元素也有重要的作用。如果微量元素缺乏，将严重影响芝麻的代谢作用，造成植株发育不良，显著降低产量。河南省农业科学院土肥研究所在黄淮平原进行的夏芝麻试验，每生产

100 公斤芝麻籽，需吸收锌、锰、铜、铁分别为 6.54、7.65、6.30、106.50 克。中国农业科学院油料作物研究所开展了芝麻硼、锌、锰、钼等微肥的研究，结果表明这些微肥均有明显的增产效果，不同的施用方法增产幅度不同。

多年田间试验及盆栽试验，淮北平原和长江中下游地区的砂姜黑土、黄棕壤及黄潮土，芝麻施硼的增产幅度为1.1%～33.7%，266 次试验平均增产 13.1%。芝麻底施平均增产 10.8%，底施硼砂用量一般为每亩 0.6～1.2 公斤。硼砂的底施加喷施效果更好，如每亩底施 0.6 公斤硼砂，于苗期、花期再各喷 1 次 0.2% 硼砂溶液 50～75 公斤，增产 17.8%。

锌肥不论底施还是喷施增产效果均较好，底施以每亩1.0 公斤硫酸锌为宜，苗期、花期各喷 1 次 0.2% 硫酸锌，增产均在 10% 以上。芝麻每亩底施 1 公斤或生育期喷施0.2% 硫酸锰，增产也超过 10%。每 0.5 公斤种子拌钼酸铵1 克或生育期喷施（浓度 0.2%），一般增产 7%～8%。

99. 叶面喷肥有何作用？

叶面喷肥是一种用量少、成本低、增产明显的有效施肥方法。喷到叶面的营养物质，能快速通过叶面的气孔和浸润角质层而被吸收，参入植株的代谢作用。叶面喷肥在各生育时期均可进行，但以中后期为主，补充植株养分不足或营养不全。对于前中期磷钾肥施用量少的地块，可在盛花及终花期喷施 0.3% 的磷酸二氢钾 1～2 次，能提高光合强度，延缓叶片衰老。河南驻马店地区农科所于中后期叶面喷施磷酸二氢钾和复合二氢钾铵，比不喷分别增产 26.5% 和 33.7%（表16）。

表 16　芝麻叶面喷肥的效果

处　　理*	产　量（公斤/亩）	比对照增（%）	单株蒴数（个）
磷酸二氢钾 80% 100 克	62.0	26.5	66.0
复合二氢钾铵 250 克	65.5	33.7	72.1
清水（对照）	49.0	—	50.3

处　　理*	单株产量（克）	每蒴粒数	千粒重（克）
磷酸二氢钾 80% 100 克	8.30	45.2	2.93
复合二氢钾铵 250 克	9.80	50.3	3.01
清水（对照）	6.30	40.6	2.87

注：*为每亩用量，对水 50 公斤

在微量元素缺乏的地块，叶面喷施微肥的效果好。

100. 芝麻田如何进行清沟排渍？

芝麻对土壤水分很敏感，在土壤水分过多时，则发生渍害。苗期受渍，则植株黄化，生长缓慢；开花结蒴期受渍，轻则瘪粒增多，重则萎蔫死株。渍害影响芝麻生长发育的原因是，由于土壤肥力 4 要素（水、养分、空气、热）的改变。土壤孔隙为水分饱和，土壤中缺乏氧气，芝麻根系被迫进行无氧呼吸，根系的活跃吸附面积减小，吸收水分和养分的能力降低。同时高温高湿直接影响微生物活动，妨碍土壤养分的释放。又由于在受渍环境下，容易被病害侵染，病害和渍害并发，往往引起芝麻大幅度减产。所以，在深沟窄厢、沟沟相通的基础上，必须注意做好清沟排渍工作，排除地面渍水，降低地下水位，减少耕作层过多的含水量，改善土壤湿度和通气状况，为芝麻生育提供较好的土壤环境。清沟排渍的时间和方法，一是在降雨以后，有部分土冲进沟内，影响排水，要立即清沟；或沟底高低不平，要修整沟底，让水流畅通。二是在中耕除草时，会有部分土掉进沟内，也要铲回厢面。

101. 芝麻需要灌溉吗？何时灌溉效果好？

芝麻根系不很发达，不能耐长时间的土壤干旱。从芝麻生育阶段来说，苗期较为耐旱，但在干旱情况下，植株矮小；开花结蒴期对土壤干旱反应最为明显。而在我国芝麻主产区，夏旱、伏旱和秋旱时有发生。夏旱主要影响芝麻播种和齐苗，造成缺苗断垄，并影响幼苗生长。伏旱影响植株果轴伸长和开花成蒴数，秋旱主要影响种子充实速度，粒重减轻。

芝麻出现旱象的标志是，在中午前后植株叶片暂时萎蔫。据测定，当土壤含水量接近田间最大持水量的50%，或土壤含水量轻壤土13%以下，中壤15%以下，粘壤土16%以下时，植株就会出现暂时萎蔫现象，就需及时灌水。

芝麻的灌水应选择在早晨和傍晚进行，以上午10时前和下午16~17时后较为适宜。芝麻灌水的方法有沟灌、畦灌和喷灌，目前生产上多采用沟灌和畦灌。沟灌可防止地面冲刷，减轻土壤板结，用水较经济。要依据地形、水势，辅以人工泼浇，以防漏灌和灌水不匀的现象。中国农业科学院油料作物研究所在粘土上于芝麻盛花期灌水1次，亩产80公斤，比不灌的增产67.2%。芝麻忌大水漫灌，漫灌容易引起厢面土壤板结，用水也不经济。

102. 施用植物生长调节剂对芝麻生长发育有什么影响？

植物生长调节剂是人工合成的外源激素，具有调控芝麻营养生长和生殖生长，抑制或促进某些器官的生长发育的作用，达到提高单株蒴果数量，增加种子产量的目的。中国农业科学院油料作物研究所用 10×10^{-6} 矮壮素（CCC）、100×10^{-6} 缩节胺（PIX）溶液浸泡芝麻种子，可以促进萌发、出苗，增强植株根系活力，扩大单株绿叶面积，增强光合势，提高净光合生产率，进而增加干物质积累及单株蒴数和粒重，提高籽粒产量，分别增产 7.9% 和 9.7%。用 $100 \times 10^{-6} \sim 150 \times 10^{-6}$ 缩节胺或同浓度的多效唑于 $1 \sim 2$ 对真叶期喷施，可以缩小幼苗节间长度，减少干旱植株萎蔫率，提高种子产量9.2% ~32.9%。

据华中农业大学试验，用壮苗素 1 号 10×10^{-6}、壮苗素 2 号 50×10^{-6}、生根素 10×10^{-6} 拌种，提高种子产量分别为 7.9%、6.1% 和 3.4%。能增强萌发种子内过氧化物酶活性，加速种子内脂肪的分解利用，种子发芽快而整齐，侧根出生多，幼苗生长健壮，抗病性强，经济性状好，产量高。芝麻于苗期、花期和结蒴期分别喷 250×10^{-6} "802"，提高产量 9.9%。

103. 如何确定芝麻的适宜收获期？

芝麻是无限花序作物，植株从下到上陆续开花，陆续结果，因而蒴果成熟的时间很不一致。如果收获过早，植株上部蒴果没有发育成熟，籽粒不饱满，影响品质和产量。如果收获过晚，下部蒴果就会炸裂，籽粒脱落，也会影响产量。

芝麻适宜的收获期是在植株终花后半个月至 20 天左右，其成熟的标志是：①植株中下部叶片脱落，茎、叶及蒴果由青绿色转变成黄或金黄色，下部蒴果微裂，为收割适期，如单秆型品种冀芝 1 号和分枝型品种中芝 10 号。②部分品种成熟时外观没有明显变化，茎、叶及蒴果仍呈青绿色，这时要根据种子成熟度和品种固有色泽来进行判断。如中芝 8 号、豫芝 4 号等品种成熟时中部和下部蒴果内种子饱满，种色变为白色时；中芝 9 号种皮变为黑色时，即为适宜收获期。

104. 芝麻收获后如何架晒和脱粒？

芝麻在成熟收割时，往往会发现因病死而提前枯熟的植株，或因品种不纯出现的早熟单株，如是作种用就应将它们先收割，作商品籽。如果是大田生产，可以和正常成熟植株一起收割，但应在早晚进行，避开中午高温时段。收割时可用塑料布或簸箕等，随割随捣以减少损失。

收割以刈割为好，在近地面 3～7 厘米处割断。割后的植株 30 株左右捆成束，运回稻场进行棚架，3～5 束成一棚，以利曝晒、通风干燥。当大部蒴果裂开时，进行第一次捣种。一般捣种 3 次左右，基本可以脱净。当收割面积较大时，可将收割的芝麻堆积成垛，于捣种之前进行"闷堆"。闷堆的优点是具有后熟作用，茎叶蒴果在自热过程中会大量失水，叶片脱落，种子成熟一致。一般闷堆 2～4 天，手伸入堆内，感到发热时，就要散堆，另行棚架晒干。如此处理，只需棚架捣种 2～3 次，种子就可捣净，但闷堆的种子色泽往往稍差。

脱粒后进行晒种，风扬去杂，过筛，得到干燥而纯净的种子，以利贮藏。

105. 我国芝麻主要有哪些病虫害？

我国芝麻病害的种类很多，已知侵染芝麻的病原菌有30种。常见的有立枯病、疫病、青枯病、炭疽病、白粉病、枯萎病、病毒病、扁茎病、叶枯病、褐斑病、细菌性角斑病、真菌性角斑病、茎点枯病、茎枯病、白绢病等。其中以茎点枯病、枯萎病、青枯病、立枯病、疫病、病毒病、叶斑病等危害较重而普遍，对植株生长发育和产量影响很大。

芝麻害虫常见的有地老虎、蚜虫、甜菜夜蛾、芝麻天蛾、盲蝽象、芝麻螟蛾、土蝗、棉铃虫、蓟马、蝼蛄、金龟子、金针虫等多种害虫。发生普遍的主要是小地老虎、蚜虫、甜菜夜蛾、芝麻天蛾、盲蝽象等。

106. 芝麻茎点枯病的危害程度和危害方式是怎样的？

芝麻茎点枯病，俗称"黑秆疯"、"黑秆病"、"站秆"等，在湖北、河南、江西、安徽、山东、河北等芝麻主产区均普遍发生，且危害较重。一般发病率为10%～20%，重者达80%以上，甚至成片枯死。该病在芝麻整个生育期均可发生，在芝麻播种后发生，会造成烂种或死苗；开花期以后发生，植株枯萎，直至死亡；在终花后发生，虽然可以收到部分种子，但饱满度和含油率下降，影响品质。

芝麻茎点枯病多发生在盛花期以后，一般先从根部或茎基部开始，而后向茎秆上部逐渐蔓延，有的从叶柄基部侵入而后蔓延到茎部。感病后，根部变为褐色，皮层内部布满黑色小菌核。茎部受害后，开始产生黄褐色病斑，呈水渍状，以后周围呈黑褐色，中部变为灰白色，且有光泽，上面密生

129

很多分生孢子器和小菌核，呈小黑点状。发病植株的叶片卷缩萎蔫，植株顶端弯曲下垂，叶片蒴果变成黑褐色，植株变矮小。病菌侵染根、茎的皮层及内部，最后发展到整个植株，造成全株枯死，遇风极易折断。

107. 芝麻茎点枯病的病菌特性和传播途径是什么？

芝麻茎点枯病的病原菌属半知菌类，球壳孢目，球壳孢科。此菌的分生孢子在 25～30℃ 最适宜萌发。分生孢子的耐旱力较强，成熟的分生孢子，在室温下经 30 天干旱，其发芽率仍在 10% 以上。菌丝的生长适宜温度为 30～32℃。菌丝能在 -1℃ 的低温下不致丧失生活力，在土壤中存活能达 2 年之久。

病菌主要以小菌核在种子、土壤和病残株上越冬。第 2 年播种后，小菌核长出菌丝侵入幼苗的子叶和幼茎，造成烂种、烂芽、死苗。菌丝长出分生孢子器，当孢子器吸水后，由孔口涌出大量孢子，通过风雨传播，侵入芝麻其他部位，引起茎秆和蒴果发病，再形成分生孢子器。如此反复侵染多次，造成严重危害。据河南信阳地区农科所的观察，镜检 6 个品种，种子带菌率为 15.8%～57.5%；用 0.1% 升汞水消毒芝麻种子，播种于连作芝麻 2 年的土内，芝麻发病率为 42.0%。用培养的病菌接种于土内，播上消过毒的种子，芝麻发病率为 67.0%，说明土壤中的病菌确能传病。

在整个芝麻生育期间，茎点枯病有两次发病期，第 1 次于播种后开始至现蕾、初花时结束。第 2 次是从盛花期开始，终花期后大量发生，至成熟收获期达到发病高峰。

茎点枯病发病轻重与芝麻的生育环境、温度和湿度等有密切的关系。一般在7～8月份高温多雨季节发病严重。地势低洼，土壤长期过湿或栽培密度过大，通风不良，冠层湿度过大，也发病较重。由于这种病害的病原菌是弱寄生菌，如果植株生长健壮，就不易感病。如遇旱、涝，或者缺肥，而使芝麻生长发育不良时，则发病较重。

108. 防治芝麻茎点枯病的主要技术措施有哪些？

（1）选种抗病品种。如中芝10号、豫芝4号等。

（2）与非寄主作物轮作3年以上。

（3）选用无菌种子。如种子带菌，可用55℃温水浸种10～15分钟，防治效果可达90%以上。

（4）加强田间管理。排渍防旱，增施磷钾肥，使植株生长健壮，增强抗病力。

（5）药剂防治。每500克种子用0.5%五氯硝基苯2.5克拌种；用0.1%～0.3%多菌灵，或0.3%多菌丹，或0.3%福美双，或0.1%升汞处理种子；40%多菌灵胶悬剂700倍液于苗期、蕾期、盛花期喷雾，每次每亩用量为75公斤，或甲基托布津稀释800～1 000倍于蕾期、盛花期喷雾。

109. 芝麻枯萎病是怎样危害和传播的？

芝麻枯萎病俗称"半边黄"或"黄死"，是我国北部和中部芝麻产区发生的一种较普遍而严重的病害，在湖北、江西、河南、河北、山西、陕西、吉林等省都有发生。一般发病率5%～10%，严重时达30%以上。芝麻整个生育期均可感病，但以花蒴期发生较多，发病后会使种子发育不良和炸

131

蒴落粒，对产量有较大的影响。

此病于6月份开始发生，危害芝麻幼苗，全株猝倒、枯死，造成缺苗。若苗期多雨，则死苗更重。7月下旬至8月上旬为发病盛期，尤其在雨水多，土壤湿度大或土壤贫瘠的砂壤土上发病严重，并常与疫病同时发生。后期发病，病株一侧的叶片由下向上变黄变小，呈半边黄的现象，此后逐渐枯死脱落。感病植株的半边根系和半边茎秆呈红褐色干枯的条斑，潮湿时病斑上出现一层粉红色的粉末，病茎的导管或木质部呈褐色。潮湿时在蒴果上也可见一层粉红色的粉末，后期常使蒴果变小，引起炸蒴落粒，籽粒变褐且不饱满。主要通过种子和土壤中的病残株传播，通过根尖和伤口侵入，有时也能侵染健全的根部。

110. 芝麻枯萎病的病原特性和主要防治技术措施是什么？

芝麻枯萎病的病原菌属半知菌类，丛梗孢目，瘤座菌科。病菌常称镰刀菌，因病菌产生大小两型孢子，大型孢子为镰刀型。此型孢子无色，具有2～3个隔膜。小型孢子为卵圆型，无色，单孢，有时由两个细胞组成。此菌最适宜的培养温度为30℃。防治措施主要有：

（1）选用抗病品种及无菌种子。

（2）轮作换茬。每隔3年以上种植一次。

（3）药剂防治。用0.5%硫酸铜液浸种30分钟；大田植株每10天喷0.2%的硫酸铜液1次，连续2～3次，可起到好的防治作用。

据河南漯河市农科所试验，多菌灵是具有保护和治疗作用的杀菌剂，具有明显刺激作物生长和增产作用的广谱、高效、多向性传导的内吸作用，对芝麻枯萎病菌有较强的抑制作用。用多菌灵可湿性粉剂 0.3%拌种加 30%复方胶悬剂 1 000 倍于夏芝麻初花期常量喷药 2 次，在重茬 2～3 年的病地，可有效控制枯萎病死苗及整个生长期危害，防效达 80%以上，促苗增重 30%左右，增产 2 成。

111. 什么是芝麻青枯病？如何防治？

芝麻青枯病，在河南群众俗称"黑茎病"、"黑秆病"，在湖北、江西则称"芝麻瘟"。此病在全国各地都有发生，但以南方芝麻产区发生严重。一般发病率 5%以下，重病地可达 40%左右。发病后全株枯萎，蒴果不能正常成熟，严重的地段植株成片枯死，造成严重减产。此病除危害芝麻外，还危害大豆、花生、烟草、马铃薯、茄子、菜豆等作物。

芝麻青枯病为细菌性病害，病原菌为假单胞杆菌，属真细菌纲，假单胞细菌目，假单胞杆菌科。发病初期茎部出现暗绿色斑块，继而逐渐转变成黑褐色条斑，顶稍常有 2～3 个梭形溃疡状裂缝。感病植株叶片开始顶端萎蔫，以后下部叶片逐渐凋萎。病株呈失水状，最初白天萎蔫，夜间恢复正常，几天后失去恢复能力。感病植株茎部维管束变褐，并逐渐蔓延到髓部，造成空洞，病部常流出菌浓。干燥后转变为漆黑亮晶的颗粒。叶片发病后，叶脉呈墨绿条斑，有时纵横交错，结成网状，迎光透视呈透明油渍状。最后病叶褶皱，变褐枯死。蒴果感病后初呈水渍状病斑，后转变为深褐色的条斑，蔓延到种子，使种子变成红褐色，瘦瘪，不能发芽。

病菌主要通过病残株在土壤中越冬，经流水、地下害虫及农具传播。病菌从根部或茎基部伤口或自然孔口侵入。病菌在 21～43℃范围内，温度越高，发病越重。防治方法一是与禾本科、棉花、甘薯等进行 2～3 年以上轮作；二是加强田间管理，排除渍水，施足底肥，增强植株抗性；三是及时拔除病株，用石灰水或用西力生 1 份加石灰粉 15 份消毒病穴。

112. 危害我国芝麻的病毒病有哪些类型？怎样控制病毒病的发生？

芝麻病毒病在我国芝麻主产区均有发生，局部地区危害较重，是近些年发生的一种新病害。芝麻苗期和中后期均可发病，在 6 月份开始发病，7 月中、下旬为发病高峰。叶片卷缩，形成花叶，病株顶端下垂，不能结蒴或很少结蒴，对产量有一定的影响。

据中国农业科学院油料作物研究所研究发现，我国芝麻的病毒病主要是由花生条纹病毒、芜菁花叶病毒等引起的。近年来调查了芝麻主产区和部分零星产区的芝麻病毒病类型和分布，依据病害症状差异，将我国芝麻病毒病划分为 3 种类型，即黄花叶型、普通花叶型和混合型（皱缩花叶、黄化）。由花生条纹病毒引起的芝麻黄花叶病毒广泛流行于我国河南、湖北、安徽等芝麻产区，流行年份发病率可达50% 以上，对芝麻产量有较大的影响。

蚜虫是芝麻病毒病传播的载体，花生条纹病毒、芜菁花叶病毒等能通过桃蚜传播到芝麻上。据驻马店农科所试验，芝麻蚜传毒，而大青叶蝉、芝麻蟏象是不传毒的；黄化花叶型病株的种子带毒率为 1.4% 左右。一般在 6～7 月份高温干旱蚜虫大量发生的情况下，芝麻病毒病流行最盛，与蚜虫的发生高峰期是吻合的。

防治方法：是种植抗病品种，防治蚜虫以避免传播病毒等。

113. 怎样识别和防治芝麻立枯病和疫病？

芝麻立枯病属真菌性病害，病原菌为半知菌类，无孢霉群，丝核菌属。我国芝麻产区都有发生，寄主范围很广。菌丝为白色，分枝多，不产生分生孢子，常形成菌核。主要为害幼苗，在茎基部的一侧出现暗褐色病斑，逐渐扩大绕茎一周，病部凹陷腐烂，最后缢缩呈线状，严重时从地表处折断，整株萎蔫而死。病菌以菌丝和菌核在土壤中越冬，可存活多年。病菌随地面流水、风雨和农事操作而传播。芝麻出苗后遇低温、多雨、高湿、生长不良而发病严重。防治方法一是防止田间渍水。二是用五氯硝基苯处理土壤，可杀死土壤中越冬病菌。三是用 0.5% 硫酸铜浸种 30 分钟，或种子先后用 0.2% 福美双和 0.1% 多菌灵处理，可有效控制病害。

芝麻疫病属真菌性病害，其病原菌为藻状菌纲、霜霉目、腐霉科、疫霉属，在我国南方发病较重，尤其在湖北、江西等省。病菌在芝麻生长的任何时期都可侵染地上任何部位。一般在 7 月份芝麻现蕾期开始发病，花期流行，在高湿的条件下发病严重。发病植株主要症状为茎基部干缩溃疡，初呈深绿色水渍状，后变为黑褐色。茎秆上部发病，可蔓及蒴果，水渍状深绿色病斑更为明显，在潮湿情况下，病部长出絮状菌丝。叶片感病，形成较大黄褐色病斑，略现轮纹。病菌终年存活于土壤中，种子也能带菌。病菌仅对芝麻有致病性，从茎基部侵入，为初侵染，形成孢子束和游动孢子，借风雨、流水进行再侵染。

防治方法：一是轮作和防止田间渍水，二是用 1 ∶ 1 ∶

100（石灰、硫酸铜、水）波尔多液或 0.1% 硫酸铜液于 6 月底或 7 月初喷施 1~2 次，防效可达 90% 以上。

114. 地老虎的生活习性和防治方法是怎样的？

地老虎也称土蚕、地蚕、切根虫等，危害芝麻的地老虎有小地老虎和黄地老虎，它们都属鳞翅目夜蛾科。全国各芝麻产区都有发生，危害严重，常引起芝麻缺苗断垄。一般地块有 5%~10% 的芝麻苗受害，严重地块达 20%~40%。其食性很杂，除芝麻外，还危害棉花、玉米、烟草、麻类、蔬菜等作物的幼苗。

小地老虎的成虫是一种灰褐色蛾子，体长 17~23 毫米，翅展 40~50 毫米。不同地区小地老虎一年发生的代数不同，华北地区为 3~4 代，长江流域为 4~5 代，华南为 5~7 代。危害芝麻的主要是第 1、2 代。此虫在大多数地区以幼虫越冬，少数地区以蛹越冬。幼虫在 3 龄以前危害芝麻幼苗的生长点和嫩叶，3 龄以后的幼虫多分散危害，白天潜伏于土中或杂草根附近，夜晚出来咬断幼苗。一般小地老虎在 5 月中、下旬危害最重，黄地老虎比小地老虎晚 15~20 天。老熟幼虫一般潜伏于 7 厘米深左右的土中化蛹。成虫在夜晚活动，趋化性很强，喜醋酒糖味，对黑光灯也有较强的趋性，有强大的迁飞能力。

防治方法：一是铲除杂草，集中处理，消灭虫卵，可减轻病害。二是毒饵诱杀，可用糖醋毒草诱杀。方法是用 90% 敌百虫 0.25 公斤、饵料（可用碾碎炒香的麻饼、豆饼、麸皮）50 公斤，再加适量水，制成毒饵傍晚撒施，每亩撒毒饵 5~8 公斤。也可用青草 15~20 公斤，加 90% 敌百虫

0.25 公斤制成毒饵诱杀地老虎。三是喷洒药剂，对 3 龄以前的幼虫，可用 2.5% 敌百虫粉喷洒，每亩用药 2 ~ 2.5 公斤，或 90% 敌百虫 800 ~ 1 000 倍液，每亩喷药液 100 公斤。四是人工捕杀，在地老虎为害期间，每天清晨到地里去检查，若发现有被害幼苗，就拨开幼苗旁的土层，捕杀躲在土中的幼虫。

115. 蚜虫的发生规律和防治方法是什么？

蚜虫也称腻虫、蜜虫等，在芝麻上发生的蚜虫主要是桃蚜，也称烟蚜，属同翅目，蚜虫科。全国各地均有分布，在河南、河北冬闲地上早播的芝麻受害严重，夏播芝麻产区在旱年发生也很普遍。桃蚜的寄主植物达 170 多种。蚜虫不仅吸食芝麻叶汁，使叶片卷曲皱缩，生长不良，植株低矮，而且传播病毒病，受害特别严重时，导致全株枯死。

桃蚜 1 年发生 23 ~ 26 代，以卵在桃树上越冬，越冬卵的孵化期自南向北为 2 月上旬到 3 月中下旬。开始孵化为干母，并在桃树上繁殖 3 代，第 3 代为有翅迁飞蚜，约在 4 ~ 5 月份迁飞到烟草及其它植株上繁殖，6 月中下旬开始危害芝麻，7 ~ 8 月份危害最为严重。8 月下旬至 9 月初发生大量有翅蚜，迁飞到白菜及其他蔬菜上繁殖为害。10 月下旬以后在蔬菜上发生大量有翅蚜，迁飞到桃树上产卵越冬。

防治方法：是根据桃蚜的生活习性，分 2 个时期进行防治。一是防治越冬卵，消灭虫源。桃树是该蚜虫的主要越冬寄主，在秋、冬和春季在树上喷洒 40% 乐果乳油 2 000 倍液，消灭越冬卵和干母。二是药剂防治，芝麻生育期间用 40% 乐果乳油 2 000 ~ 3 000 倍液，或 50% 马拉硫磷乳油 1 500 ~ 2 000 倍液，或 50% 灭蚜松 1 500 倍液进行喷洒防治。

116. 芝麻天蛾的生活习性怎样?如何防治?

芝麻天蛾别名灰腹天蛾、人面天蛾,属鳞翅目,天蛾科。各芝麻产区都有发生,个别年份局部发生严重。以幼虫食害叶部及嫩茎、嫩蒴,其食量较大。1只幼虫可危害几棵芝麻,常将大部分或全部叶片吃光。除危害芝麻外,有时也危害马铃薯、茄子等。

芝麻天蛾为大型蛾,体长约50毫米。在湖北、河南1年发生1代,在江西发生2代,第1代幼虫发生在7月中、下旬,第2代幼虫发生在9月份,以蛹在土中越冬。成虫昼伏夜出,夜晚产卵于叶面,初孵幼虫多集中于嫩叶上咬食,随龄期增大,危害程度随之加重。芝麻在生育中、后期受害最重,对产量影响很大。

防治方法:一是黑灯光诱杀,这是利用成虫的趋光性;二是药剂防治,对早期幼虫,可喷洒5%西维因粉,每亩1.5～2.5公斤,或40%敌百虫乳油2 000～3 000倍液或50%敌敌畏乳油1 000～1 500倍液,每亩喷药剂75～100公斤。三是人工捕捉,3龄以上幼虫体大易见,可采用人工捕捉的办法灭虫。

117. 怎样识别甜菜夜蛾?如何控制其危害?

甜菜夜蛾又名玉米夜蛾,属鳞翅目,夜蛾科。它的食性很杂,除危害芝麻外,还危害玉米、高粱、大豆、甜菜、棉花、各种蔬菜及杂草等。该虫常将芝麻幼苗生长点咬断,或将叶片吃成孔洞或缺刻,严重时将全部叶片吃光,仅剩叶脉和叶柄,影响植株正常生长。

甜菜夜蛾在我国芝麻产区均有发生,部分地区危害严重。幼虫体长 22 ~ 27 毫米，成虫体型较小，体长 8 ~ 12 毫米。在湖北、河南一年发生 4 ~ 6 代，其中第 2、3 代发生在 6 ~ 7 月份，危害芝麻幼苗。成虫白天隐藏，夜晚活动，有趋黑光灯的习性。刚孵出的幼虫常群居于叶的背面，吐丝结网，咬食叶肉。幼虫昼出夜伏，有假死性，略受震动，虫体即卷曲下落。老熟幼虫在土缝中化蛹，以蛹越冬。此虫一般在 6 ~ 7 月份旱情严重的情况下易于发生。

防治方法：一是铲除田间及周边的杂草，减少早期虫源。二是利用成虫的趋光性，用黑灯光诱杀。三是药剂防治，在幼虫期间喷洒 5% 西维因粉，每亩 1.5 ~ 2.5 公斤，或喷洒 50% 敌百虫乳剂 500 倍液，每亩 75 ~ 100 公斤，可有效防治幼虫危害。

118. 盲蝽象的生活习性如何？怎样防治？

芝麻盲蝽象即烟草盲蝽象，属半翅目，盲蝽象科。成虫和幼虫均能危害，通常在芝麻嫩叶背面吸取汁液。受害后，首先在中脉基部出现黄色斑点，逐渐扩大后使心叶变为畸形。在蕾期，有时也直接危害花蕾，使花蕾脱落。

芝麻盲蝽象多分布于河南、河北、山东、湖北等地，1 年发生 1 ~ 4 代不等。通常越冬卵于 4 月上、中旬孵化，成虫于 6 ~ 7 月份危害芝麻，9 月底在杂草、苜蓿等上面产卵越冬。

防治方法：一是铲除杂草，在冬春季铲除田间及周围杂草，消灭越冬虫源。二是利用药剂防治，在盲蝽象发生期间，可喷洒 40% 乐果乳油 2 000 倍液；或 50% 锌硫磷或 50% 甲胺磷 1 000 ~ 2 000 倍液；也可用 20% 蔬果磷 300 倍液防治。